Sitzungsberichte
der Akademie der Wissenschaften
der DDR
Mathematik – Naturwissenschaften – Technik

3 N
1978

Manfred Rätzsch / Burkart Philipp

Reaktionen an organischen Polymeren

AKADEMIE-VERLAG · BERLIN

Sitzungsberichte
der Akademie der Wissenschaften
der DDR
Mathematik — Naturwissenschaften — Technik

Jahrgang 1978 · Nr. 3/N

Manfred Rätzsch

Reaktionen an Polymeren in homogener Phase

Burkart Philipp

Heterogenreaktionen an organischen Polymeren

AKADEMIE-VERLAG · BERLIN
1978

Vorträge gehalten von den Ordentlichen
Mitgliedern der Akademie der Wissenschaften der DDR
Manfred Rätzsch und Burkart Philipp
in der Sitzung der Klasse Chemie am 5. Mai 1977

Herausgegeben im Auftrage
des Präsidenten der Akademie
der Wissenschaften der DDR
von Vizepräsident Prof. Dr. Heinrich Scheel

Erschienen im Akademie-Verlag, 108 Berlin, Leipziger Straße 3–4

Lizenznummer: 202 · 100/215/78
Gesamtherstellung: VEB Druckhaus Köthen
Bestellnummer: 762 643 0 (2010/78/3/N) · LSV 1275
Printed in GDR
DDR 4,– M

Manfred Rätzsch

Reaktionen an Polymeren in homogener Phase

1. Einleitung

Die vorliegende Arbeit beinhaltet einige Grundlagen und sich abzeichnende neue Entwicklungsrichtungen sowie Anwendungsgebiete bei der chemischen Modifizierung von Polymeren. Aus den Darstellungen soll die chemische Modifizierung von Polymeren durch Ko- und Pfropfpolymerisation ausgeschlossen werden.

Die ersten Forschungsarbeiten auf dem Gebiet der chemischen Modifizierung von Hochpolymeren und deren technischen Anwendungen waren der chemischen Modifizierung natürlicher Makromoleküle gewidmet. In der weiteren Entwicklung gewann die chemische Modifizierung der synthetischen Polymeren eine immer größere Bedeutung. So wurden mittels chemischer Umsetzungen Polymere erhalten, die durch direkte Kettenaufbaureaktionen nicht möglich sind, wie das von den Polyvinylalkoholen und deren Umsetzungsprodukten mit Aldehyden bekannt ist.

Nach der revolutionären Entwicklung in den vergangenen Jahren, durch Direktsynthese zu neuen hochpolymeren Werkstoffen und Zwischenprodukten zu kommen, haben, verstärkt durch das in den letzten Jahren gewachsene Rohstoffdenken, die Untersuchungen zur chemischen Modifizierung natürlicher und synthetischer Makromoleküle eine Renaissance erlebt.

Bei den synthetischen Polymeren wurden die technischen und insbesondere ökonomischen Grenzen für die Entwicklung und den Aufbau von Verfahren zur Herstellung neuer Werkstoffe oder polymerer Zwischenprodukte sichtbar.

Die Notwendigkeit nach neuen und spezifischen hochpolymeren Produkten nicht nur für den Werkstoffsektor sondern zur Ablösung nicht mehr in genügender Menge zur Verfügung stehender natürlicher Rohstoffe für Klebemittel, Papierhilfsmittel, Lackgrundstoffe und als polymere Zwischenprodukte mit definierten chemischen Eigenschaften, nehmen in ihrer Vielfalt demgegenüber zu. Ökonomisch vorteilhafte Lösungswege können auf dem Wege der chemischen Modifizierung aufgezeigt werden.

Die größte praktische Bedeutung besitzen gegenwärtig die chemischen Modifizierungen mit dem Ziel der Kettenverlängerung und dem Aufbau von Netzwerken an gezielt funktionalisierten Grundpolymeren, wie sie uns vom synthetischen Kautschuk, den ungesättigten Polyesterharzen, den Polyurethanen und den Epoxidharzen bekannt sind oder wie sie durch die Zugabe reaktiver Vernetzer, z. B. den Peroxiden bei Polyolefinen erreichbar sind.

Die Darstellung der neueren Erkenntnisse auf diesem Gebiet erscheint aus folgenden Gründen notwendig:

1. Die Ausgangsbasis hat sich durch eine Vielzahl neuer synthetischer Makromoleküle verbreitert.

2. Die chemische Modifizierung von Makromolekülen hat sich in den letzten Jahren zu einem selbständigen Wissenszweig mit eigenen Grundlagen entwickelt, die zusätzlich zum Reaktivitätsverhalten der entsprechenden niedermolekularen Verbindungen berücksichtigt werden müssen.

3. Es wurde auf dem Wege der chemischen Modifizierung eine Vielzahl neuer spezifischer Anwendungsgebiete von erheblichem praktischem Interesse entwickelt und es zeichnen sich für die Zukunft weitere ab.

2. *Grundlagen*

Bereits vor 20 Jahren hat Flory [1] eine Konzeption aufgestellt, die als Prinzip der gleichen Reaktivität der funktionellen Gruppen in Monomeren und Polymeren bezeichnet wurde. Dieses Prinzip entstand aus Beobachtungen der Polykondensationsreaktion zu Polyestern, wobei festgestellt wurde, daß die Reaktionsgeschwindigkeit zwischen der Carbonyl- und der Hydroxylgruppe nicht von der Länge der Polymerkette abhängig ist, mit der diese Gruppen verbunden sind. Florys Konzeption aus der Extrapolation bei der Umsetzung von Oligomeren abgeleitet, hat sich gut bewährt und konnte im letzten Jahrzehnt durch experimentelle Resultate bestätigt werden. Eine Vielzahl neuer Erkenntnisse hat demgegenüber die Grenzen der Konzeption von Flory aufgezeigt, die im folgenden kurz anhand einiger Beispiele deutlich gemacht werden sollen.

2.1. Der Einfluß der Kettenlänge

Die Konzeption von Flory trifft dann nicht zu, wenn es sich um eine Kette mit mehreren konjugierten Doppelbindungen handelt. Die Ursache liegt in einer Wechwirkung der π-Elektronen, die eine Delokalisierung der Elektronen entlang der Kette hervorruft. Mit steigender Kettenlänge steigt weiterhin die Viskosität von Schmelzen und Lösungen. Es liegt die Frage nahe, welchen Einfluß die Viskosität auf die Reaktivität der funktionellen Gruppen von Polymeren hat. Es wurde gefunden, daß bei solchen Polymeren, deren Kettenbeweglichkeit groß ist, d. h. daß ihre Beweglichkeit trotz hoher Viskosität infolge der Konformation nicht behindert ist, keine Reaktivitätsbeeinflussung auftritt. Dagegen muß die Viskosität berücksichtigt werden, wenn es sich um ein Polymeres handelt, dessen Kettenbeweglichkeit behindert ist.

2.2. Der Einfluß der Zugänglichkeit

Der Einfluß der Zugänglichkeit auf die Reaktion an Makromolekülen führt zu einer Herabsetzung der Reaktionsgeschwindigkeit im Vergleich zu niedermolekularen Verbindungen, was besonders bei in heterogener Phase ablaufenden Umsetzungen deutlich wird. Die Problematik und Besonderheiten der Umsetzungen in heterogener Phase werden von B. Philipp in einem gesonderten Beitrag behandelt, so daß sie in der vorliegenden Arbeit ausgeschlossen werden können [s. S. 26].

Herabsetzungen der Reaktionsgeschwindigkeit können durch Änderungen der Konformation während der Umsetzung erfolgen. So haben Zubanov und Obnoralowa [2] den Konformationseffekt bei der Polyimidbildung aus den betreffenden Polyamidsäuren beim Erhitzen untersucht. In Abb. 1 ist die Reaktionsgeschwindigkeit als Logarithmus der relativen Absorption der Imidgruppe in Abhängigkeit von der Reaktionszeit dargestellt.

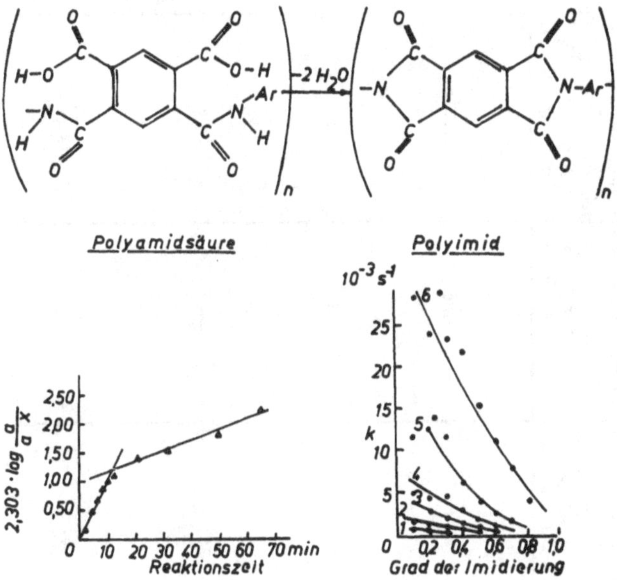

Abb. 1 Darstellung der Reaktionsgeschwindigkeit als Logarithmus der relativen Absorption der Imidgruppe in Abhängigkeit von der Reaktionszeit
Abhängigkeit des Logarithmus der relativen Absorption der Imidgruppe als Grad des Umsatzes des Polycarbonsäureamids in Abhängigkeit von der Reaktionszeit (T = 188 °C)
Abhängigkeit der Geschwindigkeitskonstanten k der Imidierung vom Grad der Imidierung 1—162 °C; 2—187 °C; 3—200 °C; 4—212 °C; 5—230 °C; 6—250 °C

Man sieht, daß die Geschwindigkeitskonstante mit steigendem Umsatz nicht konstant bleibt, sondern mit steigendem Umsetzungsgrad absinkt. Als Erklärung dieses Befundes haben die Autoren die abnehmende Beweglichkeit der Hauptkette mit steigendem Umwandlungsgrad herangezogen.

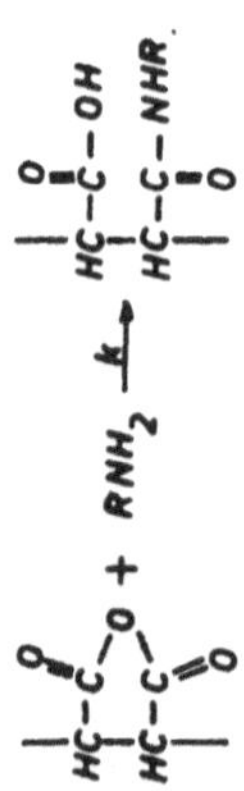

Amin	pK_b-Wert	Äthylen-MSA	Propylen-MSA	Cyclopenten-MSA	Styrol-MSA	Norbornen-MSA
m-Chloranilin	10,4	11	1,06	0,45	0,4	0,11
Anilin	9,42	112	16,8	7,14	6,23	1,54
p-Toluidin	8,93	351	—	25,2	23,7	—
p-Anisidin	8,82	473,0	—	41,6	38,8	—

Abb. 2 Geschwindigkeitskonstanten $k \cdot 10^{-5}$ in $l \cdot s^{-1}$ der Umsetzung von verschiedenen MSA-Copolymeren mit aromatischen Monoaminen in DMF bei 45 °C

Aber auch bei in homogener Phase ablaufenden chemischen Umsetzungen an Polymeren sind Herabsetzungen der Reaktionsgeschwindigkeit auf Grund von behinderter Zugänglichkeit nachweisbar.

Auf die behinderte Zugänglichkeit ohne eine Verringerung der Beweglichkeit der Polymerkette kann die von Rätzsch und Phien [3] gefundene Abnahme der Reaktionsgeschwindigkeit von verschiedenen Kopolymeren der Maleinsäurehalbamide, wie sie in Abb. 2 dargestellt ist, zurückgeführt werden. Neben der Verminderung der Reaktionsgeschwindigkeit auf Grund der behinderten Zugänglichkeit durch das Komonomere ist in Abb. 2 noch die zu erwartende Abhängigkeit vom pK_b-Wert der Amine sichtbar. Für die dargestellten kinetischen Ergebnisse wurde nur der lineare Teil der Umsatzzeitkurven in Dimethylformamid als Lösungsmittel bis zu einem Umsatz von 40—60% ausgewertet. In Abb. 3 sind die

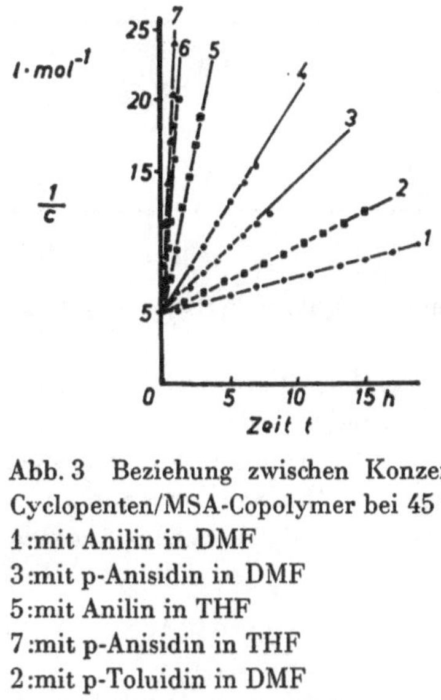

Abb. 3 Beziehung zwischen Konzentration und Reaktionszeit bei der Umsetzung am Cyclopenten/MSA-Copolymer bei 45 °C in DMF und THF
1:mit Anilin in DMF
3:mit p-Anisidin in DMF
5:mit Anilin in THF
7:mit p-Anisidin in THF
2:mit p-Toluidin in DMF
4:mit m-Chloranilin in THF
6:mit p-Toluidin in THF

Umsatz-Zeit-Kurven für das Kopolymere Cyclopenten/Maleinsäureanhydrid in Dimethylformamid und Tetrahydrofuran mit verschiedenen Aminen dargestellt. Man sieht deutlich die höhere Reaktionsgeschwindigkeit in Tetrahydrofuran, was auf dessen niedrigere Donizität infolge einer Erhöhung der Komplexbildung im Übergangszustand entsprechend Abb. 4 zurückgeführt werden kann. In Tab. 1 ist zur Verdeutlichung dieser Abhängigkeit der Einfluß verschiedener Lösungsmittel auf die RGK der Reaktion zwischen Styrol-Maleinsäureanhydrid-Kopolymeren mit

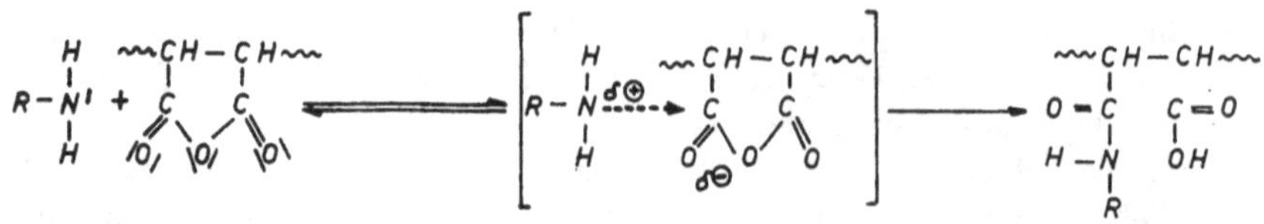

Abb. 4 Mechanismus der Umsetzung von primärem Amin mit MSA-Copolymeren

Tabelle 1
Der Einfluß des Lösungsmittels auf die RGK k · 10^{-5} in 1 · mol^{-1} der Umsetzung von Styrol-MSA-Copolymerisat mit m-Chloranilin bei 45 °C

Lösungsmittel	DK	Donizität (a)	k · 10^{-5} 1 · mol^{-1} · s^{-1}
DMF	37	26,6	0,40
Aceton	20	17,0	12,0
THF	7,4	20,0	6,8
Dioxan	2,2	20···20(b)	6,11

m-Chloranilin bei 45 °C dargestellt und zeigt eine gute Korrelierbarkeit mit der Donizität der Lösungsmittel.

Unerwartete Effekte zeigte beim Kopolymeren Vinylazetat-Maleinsäureanhydrid mit Anilin der erreichbare maximale Umsetzungsgrad und dessen Temperaturabhängigkeit in Tetrahydrofuran [4]. So nimmt der Grenzumsatz mit steigender Aminkonzentration und mit steigender Temperatur ab. Das kann nur durch eine verminderte Zugänglichkeit auf Grund einer Verringerung des Knäuldurchmessers erklärt werden.

2.3. Der elektrostatische Effekt

In einigen Fällen spielt die elektrostatische Wechselwirkung bei der Reaktion an Makromolekülen eine Rolle. Diese Wirkung beeinflußt die Kinetik der Reaktion zwischen Makromolekülen und einer niedermolekularen Komponente. Ein klassisches Beispiel dafür ist die katalytische Verseifung (Hydrolyse) von 3-Nitro-4-acetoxybenzosulfonat in einer Lösung von teilweise ionisiertem katalytisch wirkendem Poly-4-vinylpyridin [5]. Es wurde gefunden, daß die Geschwindigkeit der Hydrolysereaktion ein Maximum bei einer Ionisierung von ungefähr 25% der Gesamtzahl des Pyridin-Gliedes aufweist (Abb. 5). Diese Erscheinung kann einerseits durch die elektrostatische Anziehung zwischen dem Polymerion und der Sulfonsäure und andererseits durch das Gleichgewicht der Ionisierung des Poly-

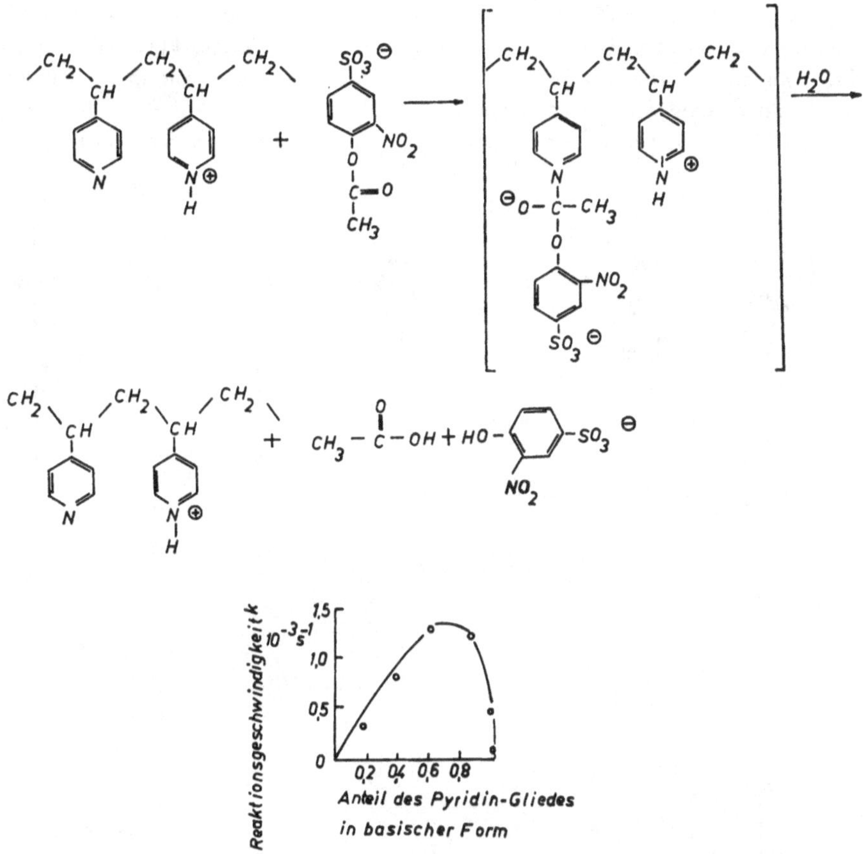

Abb. 5 Solvolyse von 3-Nitro-4-acetoxybenzosulfonat in 0,01 n Lösung von Poly-4-vinylpyridin

meren erklärt werden. Die ionisierten Grundbausteine der Pyridingruppierung im Polymeren ziehen die negativen Ionen des niedermolekularen Sulfonates an. Damit erhöht sich das Reaktionsvermögen des Esters und die Reaktionsgeschwindigkeit steigt mit steigendem Ionisierungsgrad. Andererseits können sich jedoch nur die nichtionisierten Pyridingrundbausteine an der Reaktion beteiligen, d. h., daß bei zu hohem Ionisierungsgrad der Pyridingrundbausteine die Reaktion verzögert wird. Das erklärt das in Abb. 5 gezeigte Maximum. Eine Reihe ähnlicher Beispiele sind bei anderen Systemen zu finden.

Es gibt aber einige Beispiele, bei denen eine umgekehrte Wirkung des elektrostatischen Effektes gefunden wird. Dazu gehören die Reaktionen von Polyelektrolyten mit nichtgeladenen niedermolekularen Substanzen. Die Reaktionsgeschwindigkeit sinkt bei diesen Systemen mit dem steigenden Maß der positiven (oder negativen) Ladung der Polymerkette. Als Beweis dafür ist die Hydrolyse von 2,4-Dinitrophenylazetat in Gegenwart von teilweise hydrolysiertem Poly-4-Vinylpyridin (Abb. 6) [5]. Dieser Effekt wird verständlich, wenn man annimmt, daß ein geladenes Molekül des Polymeren wie ein Teilchen mit größerer Polarität wirkt, das das Molekül mit kleinerer Polarität, d. h. die zweite Komponente, abstößt.

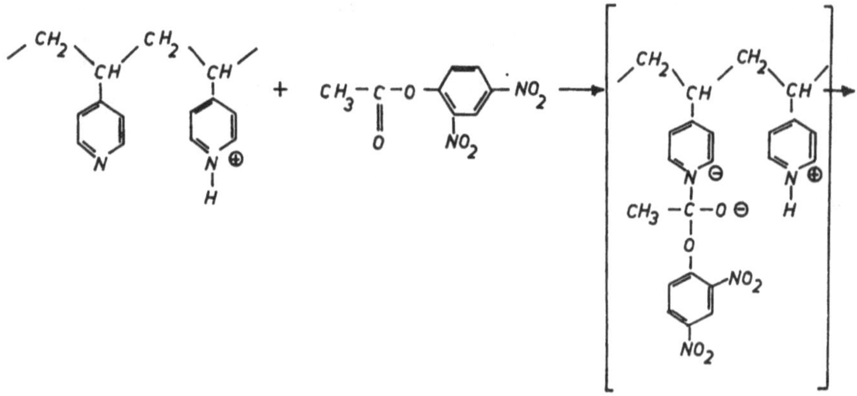

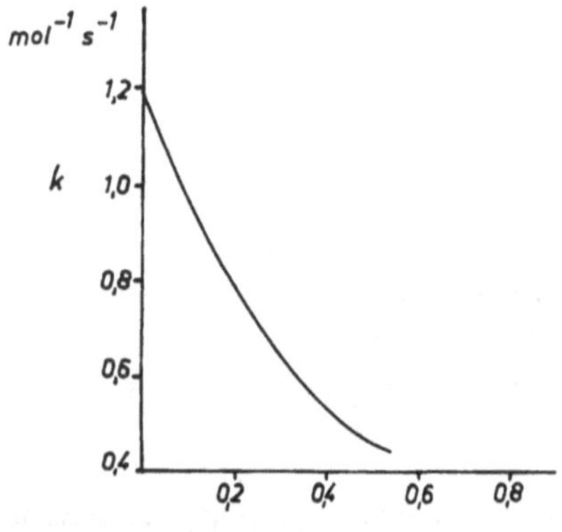

Abb. 6 Reaktion von Poly-4-vinylpyridin mit 2,4-Dinitrophenylacetat (50%iges Äthanol; Temperatur 36,8 °C; Ionenkraft von 0,04)

2.4. Der Nachbargruppeneffekt

Unter diesem Effekt versteht man den Einfluß der Nachbargruppen, d. h. der nächstliegenden Nachbarn, auf die Kinetik und den Mechanismus der Reaktion der funktionellen Gruppen von Makromolekülen bei polymeranalogen Umsetzungen. Im wesentlichen ist dieser Effekt ein Beispiel der gegenseitigen Beeinflussung verschiedener Gruppen im Molekül auf ihr Reaktionsvermögen. Der Effekt der Nachbargruppen führt mitunter zu erheblichen Veränderungen der Kinetik des Prozesses. Gleichzeitig verändert sich auch die chemische Zusammensetzung der

Reaktionsprodukte und der Kettenaufbau. Wegen seiner Wichtigkeit haben in den letzten Jahren viele Forschergruppen diesem Effekt eine große Aufmerksamkeit geschenkt. Zur Aufklärung der Theorie dieses Effektes haben vor mehr als zehn Jahren Alfrey und Lloyd [6] sowie Arends [7] die einfachsten kinetischen Modelle aufgestellt, um sowohl das Reaktionsvermögen der funktionellen Gruppen in Abhängigkeit von den Nachbargruppen als auch die Verteilung der Sequenz in der Makromolekülkette zu beschreiben. Das von den Verfassern entwickelte kinetische Schema ist eine formalkinetische Theorie. Die Natur des Effektes der Nachbargruppe wurde in dieser Theorie nicht diskutiert. In neuerer Zeit wurde diese Thematik in einer Serie der Arbeiten von Platé [8] ausführlicher untersucht. Der Verfasser hat die kinetischen Schemata verschiedener Autoren miteinander verglichen und eigene Methoden zu deren Berechnung aufgezeigt. Literaturergebnisse zeigen, daß der Effekt des Nachbarn sowohl zu Beschleunigungen als auch zu Verzögerungen der Reaktion am Makromolekül führen kann. Wenn man A als nicht umgesetztes Glied (Ausgangsglied) und B als umgesetztes Glied bezeichnet, unterscheidet man drei verschiedene Typen: AAA, BAA (oder AAB) und BAB. Das Reaktionsvermögen des Gliedes A in den drei gezeigten Typen ist unterschiedlich. Deshalb haben wir folgende entsprechende Geschwindigkeitskonstanten: k_0, k_1 und k_2. Wenn die Reaktion beschleunigt wird, heißt das: $k_0 < k_1 < k_2$ und bei Verzögerung $k_0 > k_1 > k_2$. Im allgemeinen sind die Ermittlung der Parameter der Kinetik sowie die Bestimmung der Verteilung der Glieder im Makromolekül in Abhängigkeit vom Umsetzungsgrad ein kompliziertes Problem. Zum gegenwärtigen Zeitpunkt konnte dieses Problem nur in einigen Fällen gelöst werden, weil die Methoden zur Analyse der Mikrostruktur der Hochpolymeren noch nicht ausreichen. Im folgenden soll anhand von zwei Beispielen der Einfluß der Nachbargruppe gezeigt werden.

a) Die alkalische Hydrolyse des Kopolymeren von Acrylsäure und p-Nitrophenylmethacrylat [9]

Diese Reaktion verläuft 10^6mal schneller als die des betreffenden niedermolekularen Esters. Der Mechanismus der Reaktion kann gemäß nachstehender Formel beschrieben werden (Abb. 7). Man hat diese Erscheinung dadurch erklärt, daß die Estergruppe und die benachbarte Carboxylgruppe als Zwischenprodukt einen zyklischen Komplex bilden, der die Hydrolyse erleichtert. Die gleiche Erscheinung wurde bei der Hydrolyse von p-Nitrophenylisobutyrat, einem niedermolekularen analogen Ester, nicht gefunden.

b) Die Reaktion von Polymethacrylchlorid mit Diazomethan [10]

Wenn man von der Reaktionsgleichung der niedermolekularen Substanz ausgeht, könnte man folgendes Schema bei der Umsetzung des Polymeren erwarten (Abb. 8 a):

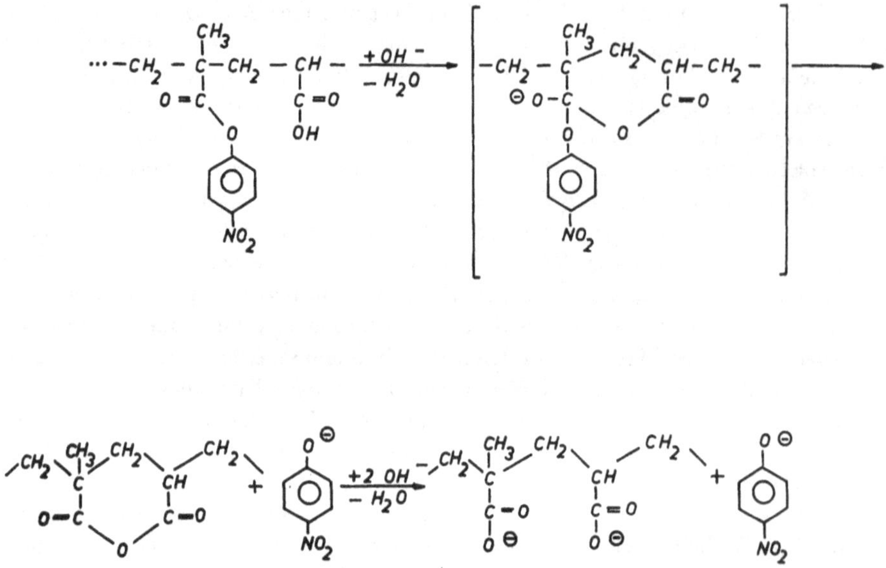

Abb. 7 Die Hydrolyse des Kopolymeren von Acrylsäure und p-Nitrophenylmethacrylat [9]

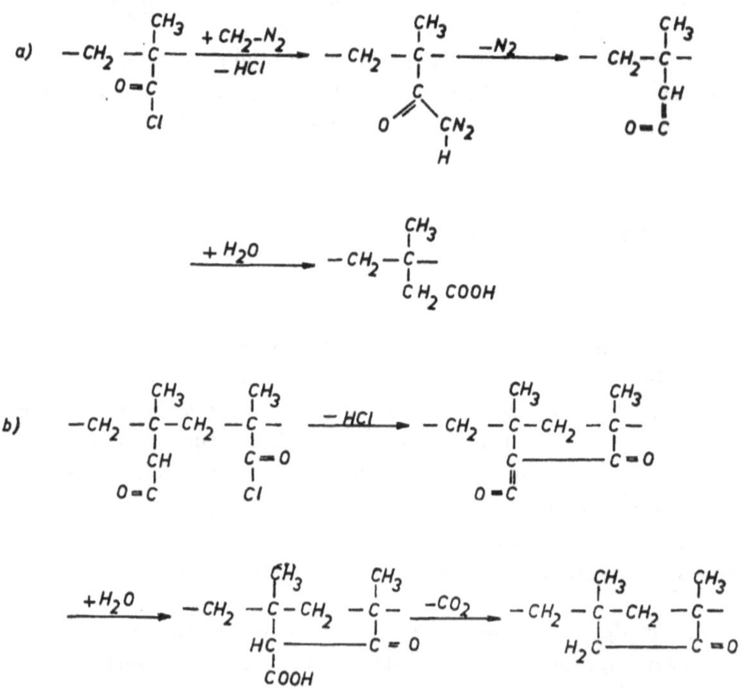

Abb. 8 Die Reaktion von Polymethacrylchlorid mit Diazomethan [10]

Nach physiko-chemischen Untersuchungen des Polymeren muß jedoch folgender Reaktionsverlauf angenommen werden (Abb. 8 b). Hieraus ist ersichtlich, daß die benachbarte Säurechlorid-Gruppe $(-\underset{\underset{\displaystyle O}{\|}}{C}-Cl)$, die noch nicht umgewandelt ist, mit der Keten-Gruppe $(-CH = C = O)$ unter innerer Zyklisierung reagiert. Der oft diskutierte Konfigurationseffekt, wie er beispielsweise bei den Hydrolysereaktionen polymerer Methacrylsäureester gefunden wurde, kann ebenfalls auf den Nachbargruppeneffekt zurückgeführt werden.

2.5. Der kooperative Effekt

Die Möglichkeiten von kooperativen Wechselwirkungen, d. h. einer Beeinflussung der Reaktionsgeschwindigkeit und des Mechanismus kann entweder durch Nachbargruppen oder durch spezielle Assoziationen von bestehenden Bausteinen, die in Wechselwirkung miteinander treten, hervorgerufen werden. Zur mathematischen Behandlung der kooperativen Kinetik wurden von Schwarz und Engel [11] mathematische Modelle erarbeitet, die diese Effekte befriedigend beschreiben.

Beispiele sind die von Overberger beschriebenen katalytischen Reaktionen, die zu um Zehnerpotenzen höheren Reaktionsgeschwindigkeiten geführt haben.

Kooperative Effekte spielen bei biologischen Reaktionen und Funktionen eine bedeutende Rolle. So haben Schwarz und Engel [12] gezeigt, daß Konformationsumwandlungen von linearen Biopolymeren häufig kooperativ verlaufen. Meist besteht eine starke Tendenz, den Zustand des Nachbarsegmentes anzunehmen. Das hat zur Folge, daß gegebenenfalls kleine Variationen der äußeren Parameter (Temperatur, pH-Wert, Lösungsmittelzusammensetzung) zur praktisch vollständigen Konformationsumwandlung führen. Diese Eigenschaft ist für physiologische Steuerungsfunktionen von fundamentaler Bedeutung. Diese Eigenschaft ist wie alle kooperativen Eigenschaften verständlicherweise von der Kettenlänge abhängig, d. h. der Übergang wird um so schärfer, je größer die Kettenlänge ist. Dieser Effekt wurde erst bei der Untersuchung linearer synthetischer Modellsubstanzen gefunden, da nur hier die Molekülgröße systematisch variiert werden kann.

In Abb. 9 ist die relativ gut untersuchte Umwandlung α-Helix $\rightleftharpoons$ statistisches Knäuel bei Polyaminosäuren in Abhängigkeit von der Temperatur dargestellt. Man sieht deutlich die hohe Geschwindigkeit und die auf einen engen Temperaturbereich begrenzte Umwandlung bei einer Kettenlänge $N = 1500$ im Vergleich zu den Umwandlungen bei $N = 46$ und $N = 26$. Der Umwandlungsgrad Ξ wurde nach der Beziehung

$$\Xi = \frac{\text{Reste in Helixzustand}}{\text{Gesamtzahl der Reste}}$$

aus der optischen Drehung der reinen Helix- und der reinen statistischen Knäuelform ermittelt.

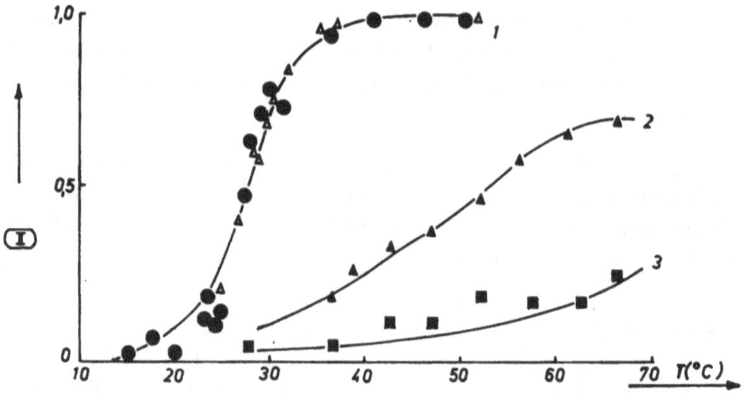

Abb. 9 Temperaturinduzierte α Helix $\rightleftharpoons$ Coil Umwandlung von Poly-γ-benzyl-L-glutamat [R in Formel (1): $CH_2-CH_2-COO-CH_2C_6H_5$] in Dichloressigsäure/1,2 Dichloräthan für verschiedene Kettenlängen N

1 N = 1500 Umwandlungsgrad

2 N = 46

3 N = 26

= Reste im Helixzustand / Gesamtzahl der Reste

2.6. Der Effekt der inhomogenen Aktivität

Diese inhomogene Aktivität eines oder mehrerer Reaktanten durch Anreicherung der Moleküle in der Umgebung bestimmter Polymerbausteine infolge von Wechselwirkungen mit dem Makromolekül, tritt besonders bei Makromolekülen in homogenen Systemen auf.

Als Beispiel kann die Umsetzung von Kopolymeren des Maleinsäureanhydrids (MSA) mit aliphatischen Aminen genannt werden [13].

Wir interessierten uns bei den Untersuchungen für die Frage, ob und unter welchen Bedingungen bei diesen Reaktionen ein vollständiger Umsatz erreicht werden kann. Führt man die Umsetzung von Propylen/MSA-Kopolymeren mit n- und Di-n-Butylamin im Vergleich zum Bernsteinsäureanhydrid (BSA) in Dimethylformamid bei 25 °C im Molverhältnis 1:1 durch, so erhält man eine deutliche Abhängigkeit vom Amin und eine signifikante Änderung gegenüber BSA (Abb. 10). Unsere anfängliche Vermutung, daß es sich um einen Einfluß der Zugänglichkeit handelte, ließ sich auf Grund der geringen Unterschiede der Knäueldurchmesser zu Beginn und nach Ablauf der Reaktion nicht bestätigen.

Interessanterweise zeigen die in Abb. 11 dargestellten Ergebnisse der Umsetzung mit verschiedenen aliphatischen Aminen unter gleichen Bedingungen wie in Abb. 10 eine deutliche Abhängigkeit vom pK_b-Wert der Amine, aber derart, daß der maximale Umsatz mit steigender Basizität abnimmt. Diese Abhängigkeit stand nun zu allen bisherigen Erfahrungen im Widerspruch, läßt sich aber zwangs-

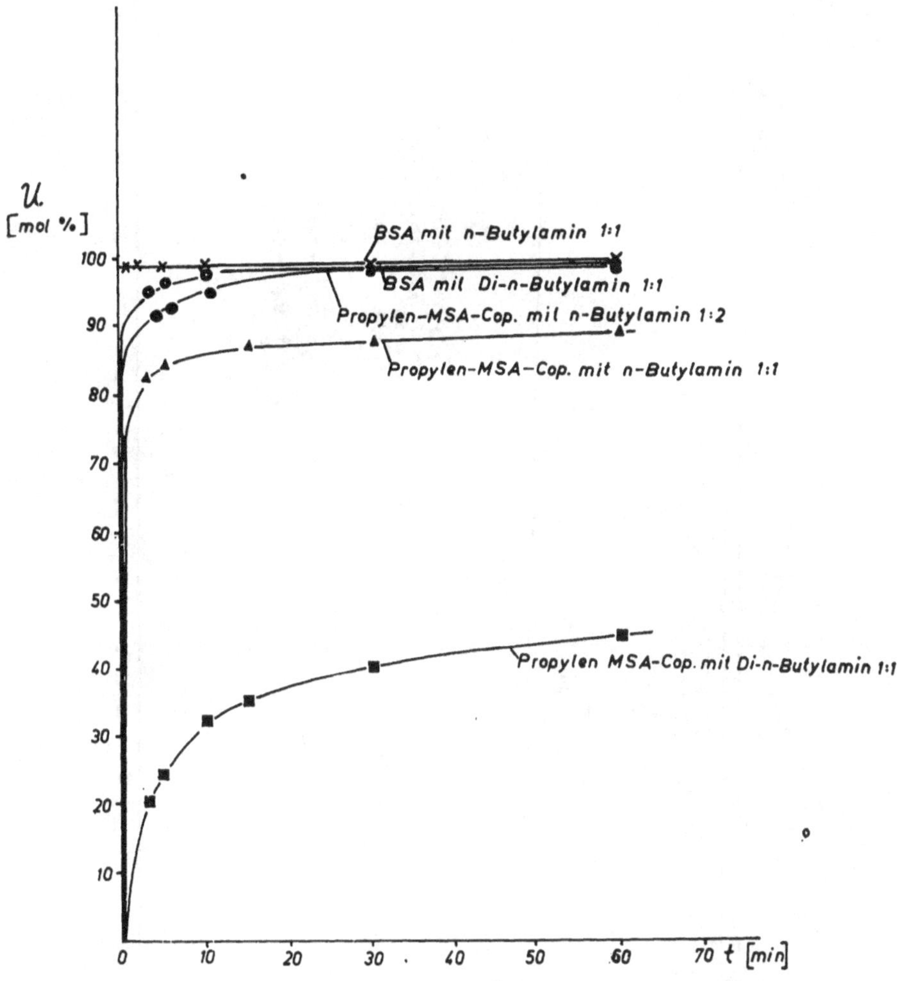

Abb. 10 Umsetzung von Bernsteinsäureanhydrid (BSA) und Propylen-Maleinsäureanhydrid (MSA)-Copolymere mit n- und Di-n-Butylamin in DMF bei 25 °C und unterschiedlichem Molverhältnis.
Gesamtkonz. 0,2 mol l^{-1}, Molverh. 1:1

läufig erklären, wenn man eine Wechselwirkung (Salzbildung) des noch freien Amins mit den gebildeten Amidsäuren annimmt. Auf Grund der so behinderten Beweglichkeit der Amine wird damit ein bestimmter Grenzumsatz erreicht. Daß es sich nicht um eine behinderte Zugänglichkeit handelt, kann durch Erreichen eines höheren Grenzumsatzes bei Überschuß an Amin und bei Umsetzungen in der Heterophase in den Nichtlösungsmitteln Dichloräthan und Benzol (Abb. 12) gezeigt werden, wobei zwar mit verringerter Reaktionsgeschwindigkeit aber doch

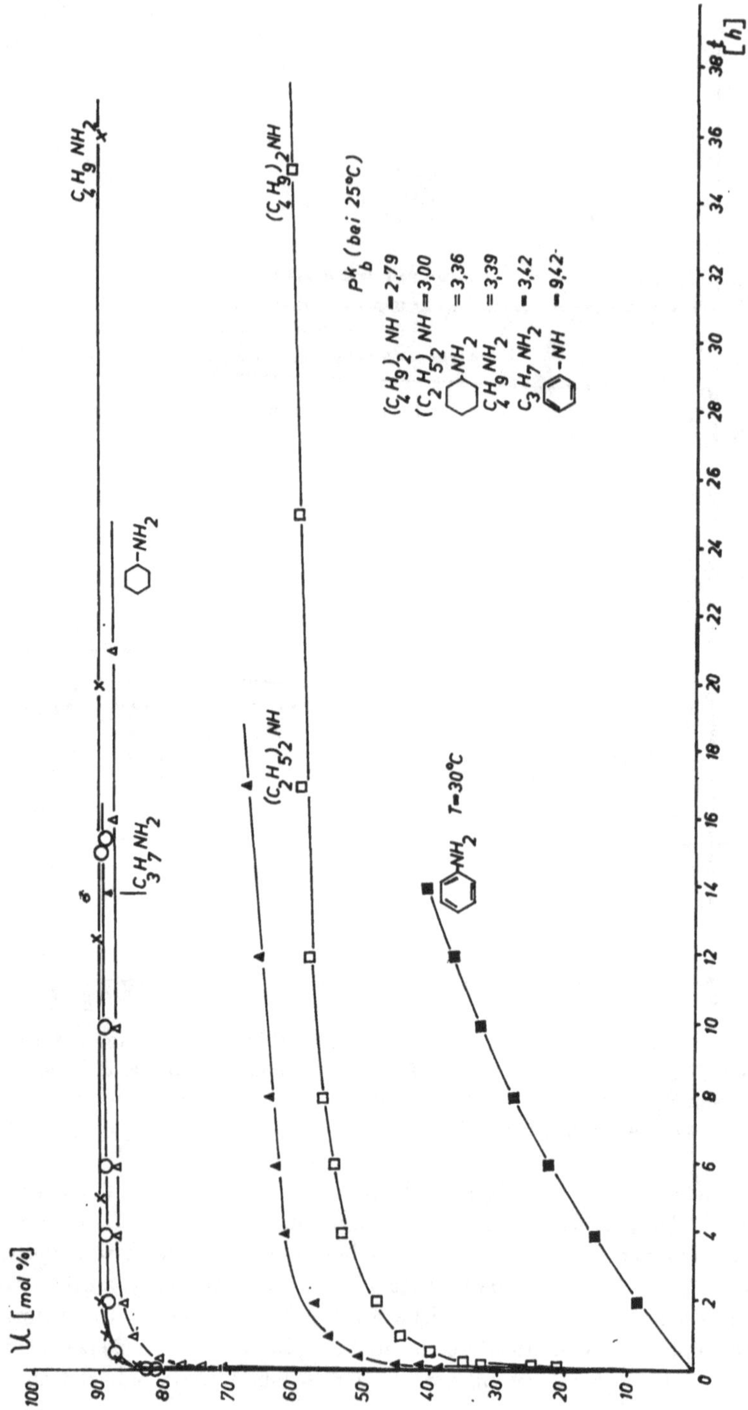

Abb. 11 Umsetzung n-Propylen-MSA-Cop. mit verschiedenen Aminen (Molverhältnis = 1:1-Gesamtkonz. = 0,2 mol/l in DMF-T = 25 °C)

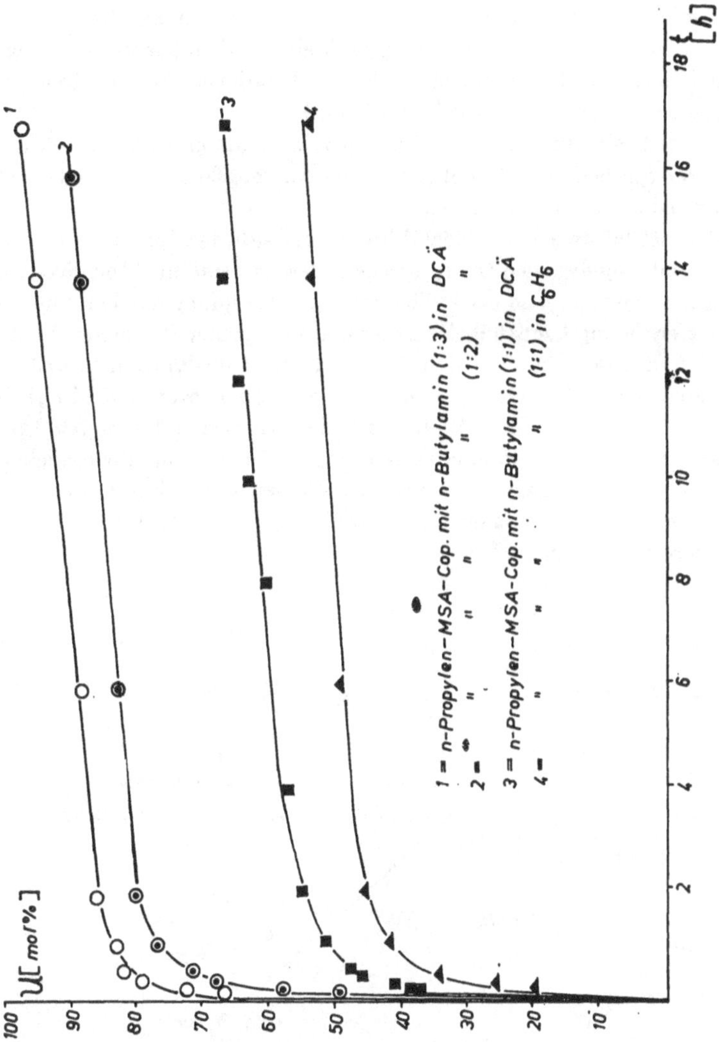

Abb. 12 Umsetzung von Propylen-Maleinsäureanhydrid MSA-Copolymeren mit n-Butylamin in heterogener Phase (Konzentration der MSA-Cop. = 0,2 mol/l)

annähernd die gleichen Umsetzungsgrade erreicht werden. Alle diese Effekte sind nur in homogenen Systemen nachweisbar. In heterogener Phase werden sie von den stärker wirkenden Einflüssen der behinderten Zugänglichkeit überdeckt.

3. Einige Entwicklungsrichtungen und Anwendungsgebiete

Der Konzeption von Flory liegt die Erkenntnis zugrunde, daß die Transportgeschwindigkeit der niedermolekularen Reaktanten noch so hoch ist, daß die Reaktionsgeschwindigkeit nicht herabgesetzt wird. Das trifft nun mit bestimmten Einschränkungen, wie z. B. Viskositätsabhängigkeit einiger Reaktionen sowohl auf Reaktionen in homogenen Lösungen, als auch auf Reaktionen in Schmelzen zu, die heute bereits eine erhebliche praktische Rolle spielen.

Ich möchte nun an einigen wenigen Beispielen zeigen, wie entwicklungsträchtig dieses Gebiet von synthetischen Kopolymeren als Ausgangskomponenten her ist und welche Anwendungsgebiete sich bieten.

Das erste Beispiel behandelt die Möglichkeiten, die sich aus Umsetzungen am Äthylen-Vinylazetat-Kopolymeren (EVA) ergeben. Bekannt sind die Möglichkeiten der radikalischen Vernetzung und der radikalinitiierten Pfropfung mit Vinylchlorid und Styrol zur Herstellung kautschukelastischer und schlagzäher Polymerer. Weniger bekannt sind dagegen die zu Äthylen-Vinylalkohol-Kopolymeren verseiften EVA-Kopolymeren, deren Umsetzungen insbesondere von Fedtke und Mitarbeitern [14] untersucht wurden. In Abb. 13 sind die technisch interessanten Umsetzungsprodukte zu vernetzten Produkten mit Diepoxiden und die Möglichkeiten zur Kombination mit Epoxidharzen und Polyurethanen durch Einführung von Epoxid und Isocyanatgruppen in ganz oder teilweise hydrolysierte Äthylen-Vinylazetat-Kopolymere dargestellt.

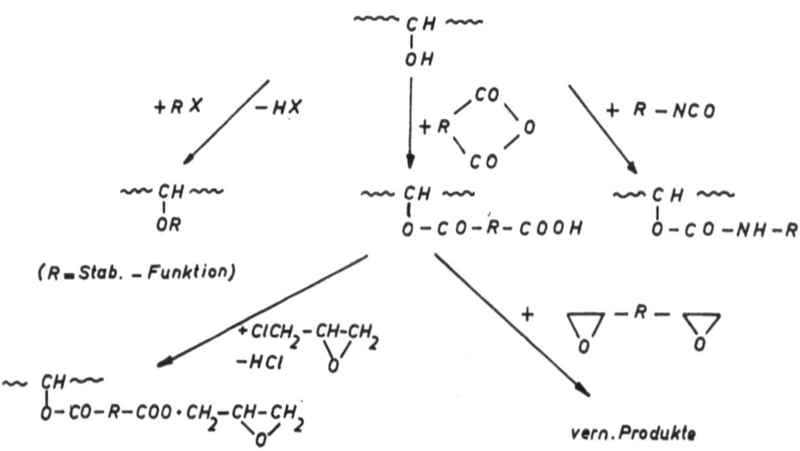

Abb. 13 Polymeranaloge Reaktionen an Äthylen-Vinylalkohol-Kopolymeren

In Abb. 14 sind neue zur Vernetzung führende Umsetzungen dargestellt, wie sie von Rätzsch und Hofmann in den letzten Jahren aufgeklärt werden konnten. Interessant sind dabei die Umsetzungen mit Metall-Alkoholaten, wobei entweder ein Alkoholat gebildet wird [15] oder mit Na-Alkoholat eine unvollständige Claisen-Kondensation erfolgt (Abb. 15) [16]. Gleichfalls von praktischem Interesse sind die Umsetzungen mit Metallalkylen [17], die hauptsächlich als Enolisierung über einen 6-Ring-Mechanismus unter Abspaltung eines Moleküls Äthan verlaufen, wo-

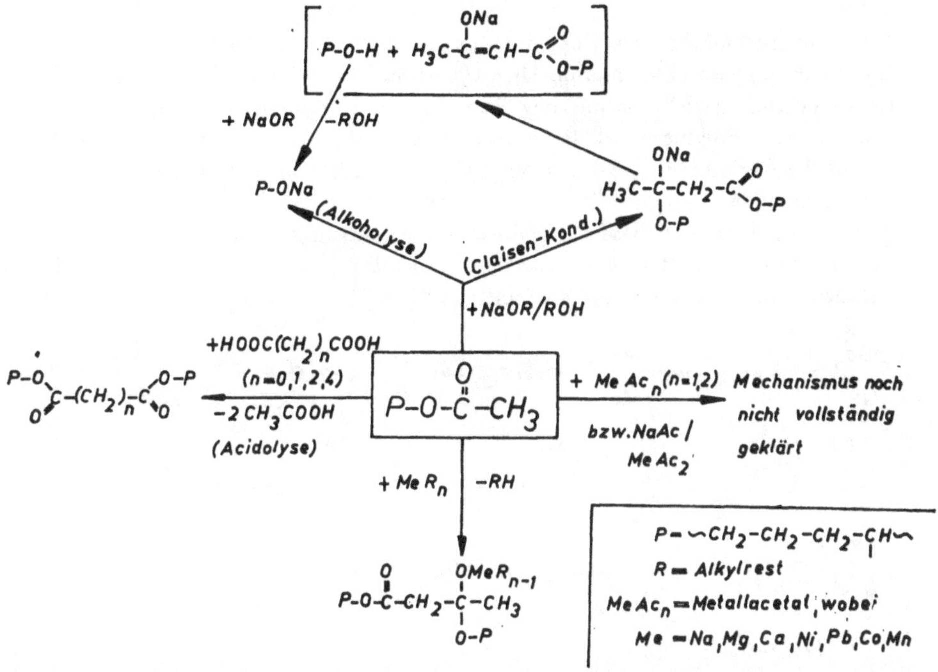

Abb. 14 Möglichkeiten der nichtradikalischen Vernetzung von Vinylacetat-Copolymeren

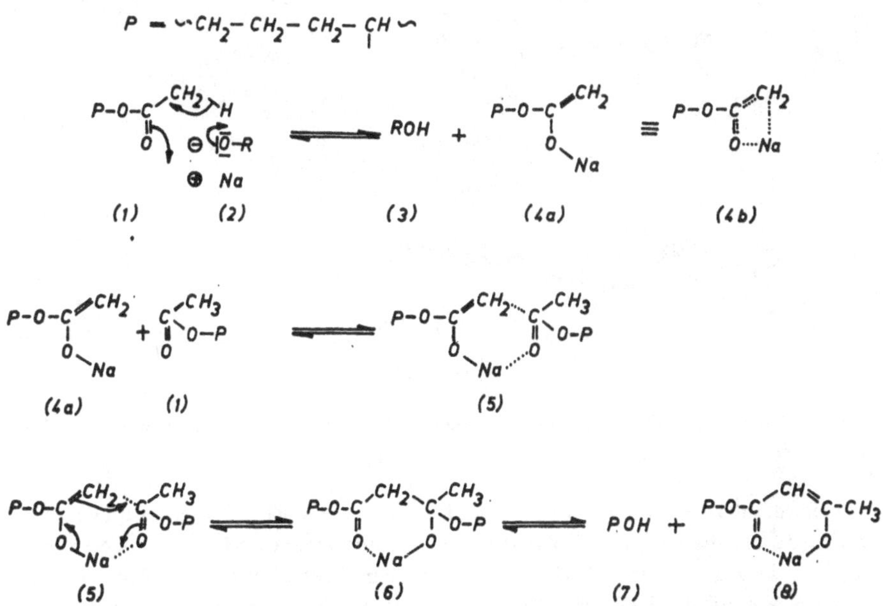

Abb. 15 Reaktionsmechanismus der Umsetzung von Vinylacetat-Copolymeren mit Natriumalkoholat

bei es zur Ausbildung einer Doppelbindung kommt ((4 a) in Abb. 16). Die nächste Gleichung (4 a) ⇌ (4 b) in Abb. 16 verdeutlicht das sich einstellende Keto-Enol-Gleichgewicht. Durch Koordinierung einer weiteren Karbonylgruppe desselben oder eines zweiten Polymermoleküls an das Al-Atom der Verbindung (4 a) wird die eigentliche Verknüpfungsreaktion eingeleitet. Die Elektronenübergänge verlaufen nun über einen zyklischen Übergangszustand, wobei das Dimerisierungsprodukt (5) gebildet wird. Auf diesem Wege werden Vernetzungsreaktionen mit niedriger Aktivierungsenergie, d. h. bei niedriger Temperatur und Verweilzeit möglich, die technisch von besonderem Interesse sind.

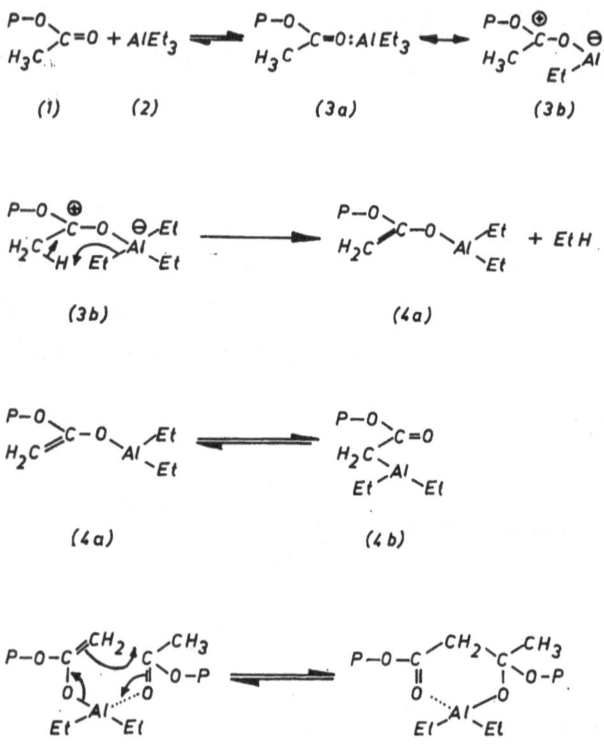

Abb. 16 Reaktionsmechanismus der Umsetzung von Vinylacetat-Copolymeren mit Aluminiumtriäthyl

Weitere interessante Kopolymere sind solche, die hochreaktive Gruppen enthalten, da bei diesen große Umsetzungsgeschwindigkeiten auch mit weniger reaktiven Reaktionspartnern erreicht werden können. Diesen Anforderungen entsprechen weitgehend die Ko- und Pfropfpolymeren mit Maleinsäureanhydrid, wie sie von Rätzsch und Mitarbeitern [18] untersucht wurden. Durch den Einsatz verschiedener Amine oder Alkohole können teil- oder vollständig halbaminierte bzw. halbveresterte Kopolymere hergestellt werden, die in ihre Salze überführt je nach Maleinsäureanhydrid-Gehalt und Struktur des Substituenten mehr oder weniger wasserlöslich sind. Diese Produkte können als Papierleime, Gelatine- und Kolophoniumaustauschstoffe u. a. bzw. mit Farb- und Stabilisatorfunktionen tragenden Gruppen gekoppelt eingesetzt werden. Mit den Kopolymeren des Maleinsäureanhydrids sind auch alle anderen für die Anhydridgruppe bekannten Reaktionen möglich, eine Vielzahl, auf die hier hingewiesen werden kann.

Aus der Sicht der Anwendung soll hier auf drei interessante Forschungsgebiete von Rätzsch und von Hartmann und Mitarbeitern eingegangen werden.

In dem VEB Leuna-Werke werden Umsetzungsprodukte von Kopolymeren mit Maleinsäureanhydrid als Papierleime untersucht. Die erste Voraussetzung, ein hohes Molekulargewicht der Kopolymeren, wurde durch umfangreiche Grundlagenuntersuchungen in Kooperation mit der Technischen Hochschule Leuna-Merseburg erreicht.

Zur Einstellung einer definierten Hydrophilie dieser Kopolymeren wird ein Teil der Säuregruppen in ihre Salze übergeführt. Der hydrophobe Anteil wird durch geeignete Komonomere und durch Veresterung bzw. Aminierung der Anhydridgruppen mit Alkoholen bzw. Aminen erreicht. Auf diese Weise können, wie in Abb. 17 dargestellt, die Eigenschaftsparameter über einen sehr breiten Bereich variiert und den Forderungen der Verarbeiter weitgehend angepaßt werden. Die Untersuchungen haben in den Labortests gute Resultate gezeigt.

Von Hartmann und Mitarbeitern [19] wurden in den vergangenen Jahren Polymere mit photochromen und bioziden Eigenschaften hergestellt. So wurden aus Polystyrol sowie aus Styrol/Methylmethacrylat- und Styrol/Methycrylsäure-Ko-

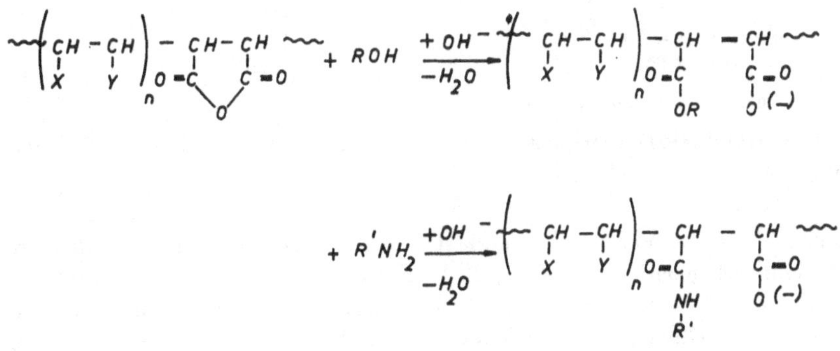

X, Y : H, CH_3, C_6H_5, $OCOCH_3$, $COOCH_3$, CN

n : 1 für Olefine, sonst n ≥ 1

R : aliphatische Kohlenwasserstoffe

R' : aliphatische u. aromatische Kohlenwasserstoffe

Abb. 17 Umsetzung von Kopolymeren des Maleinsäureanhydrids

polymeren durch polymeranaloge Mercurierung und anschließende Chelatisierung mit substituierten Dithizonen neue thiocarbazongruppenhaltige Polymere synthetisiert, die in Lösung und als Polymerfilme photochrome Eigenschaften aufweisen (Abb. 18) [20]. Die kovalente Anknüpfung der photochromen Gruppen an die Polymerketten bietet gegenüber dem Einbetten der entsprechenden niedermolekularen Dithizonate in eine Polymermatrix den Vorzug einer homogenen Verteilung und höheren Konzentration der farbigen Spezies sowie der Vermeidung von Diffusionsvorgängen. Sowohl die Zusammensetzung der Kopolymeren als auch die elektronischen Effekte der an den seitenständigen Thiocarbazonatgruppen gebundenen Substituenten beeinflussen die spektralen Änderungen beim Belichten sowie die Geschwindigkeit der thermischen Rückreaktion. Durch die Fixierung von photo-

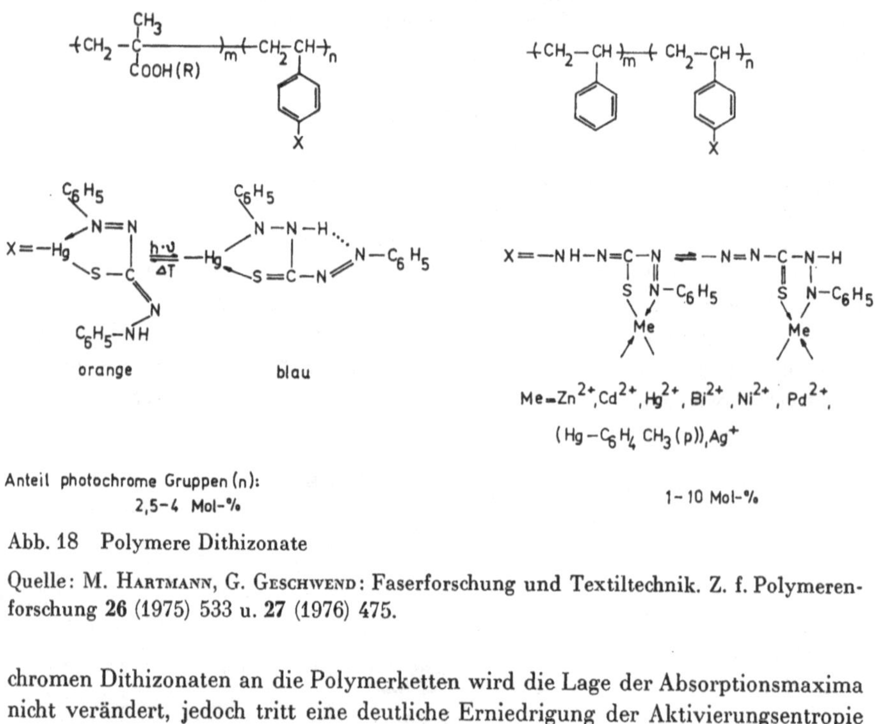

Abb. 18 Polymere Dithizonate

Quelle: M. Hartmann, G. Geschwend: Faserforschung und Textiltechnik. Z. f. Polymerenforschung **26** (1975) 533 u. **27** (1976) 475.

chromen Dithizonaten an die Polymerketten wird die Lage der Absorptionsmaxima nicht verändert, jedoch tritt eine deutliche Erniedrigung der Aktivierungsentropie der thermischen Rückreaktion der photochemisch umgelagerten Polymeren ein. Die neu dargestellten polymeren Thiocarbazone ließen sich in Lösung mit zweiwertigen Schwermetallionen unter Kettenvernetzung chelatisieren und ermöglichen so die Gewinnung von photochromen Polymeren mit abgestuften Rückkehrzeiten.

Molekulargewichtsbestimmungen und Torsionsschwingungsuntersuchungen belegen die bei der Komplexbildung erfolgte intermolekulare Vernetzung.

Aus den Hartmannschen Untersuchungen lassen sich die Arbeiten über biologisch wirksame Polymere als volkswirtschaftlich besonders zukunftsträchtig ein-

Tabelle 2
Modell eines biologisch aktiven Polymeren

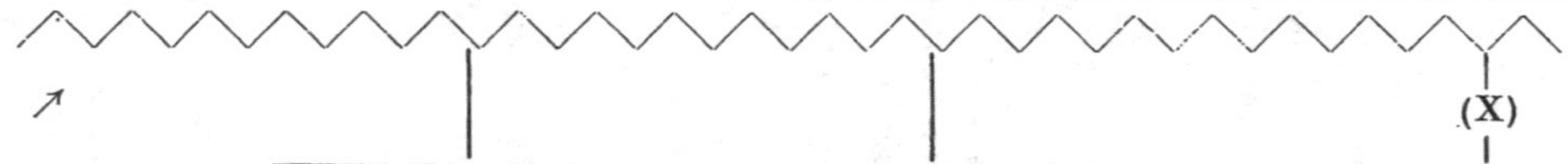

Strukturelemente	Polymerkette	Lösungsvermittler	Transportsystem	Biozid
Funktion		Molekülbereich, der Löslichkeit und damit Transport des Polymeren gewährleistet		Fixierung des Biozids, eventuell über einen Abstandshalter X
Einflußgrößen	biologischer Abbau Molekular-gewicht	Hydrophilie/Lipidlöslichkeit, spezifische und unspezifische Resorption Oberflächen-aktivität (Benetzung)		Art der chemischen Fixierung des Wirkstoffs (Abspalt-geschwindigkeit) Stabilität Toxizität Löslichkeit Flüchtigkeit Kombination mehrerer Biozide

schätzen. Dazu werden zunächst Fixierungsmöglichkeiten niedermolekularer Insektizide, Herbizide und Fungizide an Polymeren untersucht, um gezielt auf die Wirkungsdauer und Löslichkeit sowie auf Transportvorgänge, die Toxizität und die Stabilität dieser biologischen Wirkstoffe Einfluß zu nehmen. Die für das System „Polymer-Wirkstoff" angestrebten Struktur-Eigenschaftsbeziehungen lassen sich grob in dem folgenden in Abb. 19 dargestellten allgemeinen Modell zusammenfassen.

4. *Zusammenfassung und Schlußfolgerungen*

Ziel der vorliegenden Arbeit war es, die Aufmerksamkeit des Lesers auf die vielfältigen Möglichkeiten dieses Zweiges der Polymerwissenschaften zu lenken. Die Beschränkung auf die Reaktionen in homogener Phase resultiert aus einer Abstimmung mit B. Philipp, der im folgenden Beitrag die Umsetzungen an Polymeren in heterogener Phase behandelt. Die Betrachtung der Reaktionen in homogener Phase erlaubt darüber hinaus die Behandlung des Standes der theoretischen Grundlagen der Reaktionen an Polymeren, die den ersten Teil des Beitrages ausmachen. In der Technik werden die Umsetzungen an Polymeren gegenwärtig und auch in Zukunft weitgehend in heterogener Phase durchgeführt. Das resultiert aus dem Fehlen geeigneter Lösungsmittel bzw. den erhöhten ökonomischen Aufwendungen beim Arbeiten in homogener Phase, die die geringere Raum-Zeit-Ausbeute auf Grund der behinderten Zugänglichkeit in heterogener Phase übersteigt. Umsetzungen in homogener Phase werden jedoch bei Reaktionen an Polymeren, die eine hohe Selektivität erfordern, bedeutsam sein. Die im zweiten Teil dargestellten Entwicklungsrichtungen und Anwendungsgebiete behandeln die in unserer Republik zur Zeit bearbeiteten Schwerpunkte, stellen jedoch nur einen kleinen Ausschnitt aus den im internationalen Maßstab sich abzeichnenden Möglichkeiten dar. Die Anwendungen stecken bei uns und auch international noch in den Anfängen, lassen jedoch eine hohe volkswirtschaftliche Relevanz erwarten.

Literatur

[1] Flory, P. J.: Principles of Polymer Chemistry. Ithaca. Cornell University Press 1953.

[2] Zubanov. B. A.: JUPAC Internat. Symposium on Macromol. Chemistry, Preprints Sekt. 1/11 (1969).
Obnoralova, V. N.: Vysohomol. Sved. 12 (Hochmol. Verbindungen) **11** (1970) S. 2508—2514.

[3] Rätzsch, M. und Phien, V.: Faserforschung und Textiltechnik **26**, 4 (1975) S. 165—172.

[4] Rätzsch, M.: noch unveröffentlichte Ergebnisse.

[5] Letsinger, R. G. und Savereide, Th. J.: J. Amer. Chem. Soc. **84** (1962) S. 114—115.

[6] Alfrey, T. und Lloyd, W. G.: J. chem. Physics **38**, 2 (1963) S. 318—321.

[7] Arends, C. B.: J. chem. Physics **38**, 2 (1963) S. 322—324.

[8] PLATÉ, N. A.: Pure and Applied Chem. **46** (1976) S. 49—95.
[9] MORAWETZ, H. und ZIMMERING, P.: J. Physic. Chem. **58** (1954) S. 753—756.
[10] RONDON, S., SMETZ, G. und WILDE-DELVAUX, M. C.: J. Polymer Sci. **24** (1957) S. 261—274.
[11] SCHWARZ, G. und ENGEL, J.: Angew. Chem. **84**, 13 (1972) S. 615—623.
[12] ENGEL, J. und SCHWARZ, G.: Angew. Chem. **82**, 12 (1970) S. 468—479.
[13] RÄTZSCH, M.: unveröffentlichte Ergebnisse.
[14] FEDTKE, M.: Vortrag auf der Tagung Alken 77, Böhlen bei Leipzig DDR am 2. 3. 1977.
[15] RÄTZSCH, M., SCHADE, H. und P. PABST: J. of Applied Polym. Sci. **15** (1971) 589—595.
[16] RÄTZSCH, M.: unveröffentlichte Ergebnisse.
[17] RÄTZSCH, M.: unveröffentlichte Ergebnisse.
[18] RÄTZSCH, M.: unveröffentlichte Ergebnisse.
[19] HARTMANN, M. und G. GESCHWEND: Faserforschung u. Textiltechnik, Z. Polymerforsch. **26** (1975) 533, **27** (1976) 475.

Burkart Philipp

Heterogenreaktionen an organischen Polymeren

1. Einleitende Bemerkungen

Von Heterogenreaktionen im Bereich der anorganischen Chemie, z. B. bei Prozessen der Aufbereitung und Metallurgie oder der Herstellung keramischer Werkstoffe, aber auch von mehrphasigen Reaktionen im Bereich der niedermolekularen organischen Chemie ist bekannt, daß der Dispersitätsgrad der Reaktanten und ggf. deren Ordnungsgrad und Oberflächenstruktur für den unter bestimmten Bedingungen erzielbaren Umsetzungsgrad und für die Umsetzungsgeschwindigkeit eine entscheidende Rolle spielen. Die aus der Untersuchung solcher Umsetzungen abgeleiteten Gesetzmäßigkeiten für das Zusammenwirken von Sorptions-, Diffusions- und Reaktionsvorgängen beim Ablauf heterogener Umsetzungen gelten selbstverständlich auch für organische Polymere.

Allerdings sind hier einige zusätzliche Faktoren zu berücksichtigen, die bei vielen „klassischen" Heterogenreaktionen keine oder nur eine untergeordnete Rolle spielen:

- eine ausgeprägte Bindungsanisotropie im organischen Polymerfestkörper, die beispielsweise zu typischen Schichtgitterreaktionen führen kann;
- eine außerordentlich große Variationsbreite für die Konformation der Polymerketten im Festkörper und damit ein breites Spektrum möglicher übermolekularer Ordnungszustände bei gleicher chemischer Zusammensetzung, verbunden mit einer Vielfalt von Möglichkeiten zur Ausbildung übergeordneter morphologischer Strukturen, deren Art den Reaktionsablauf entscheidend beeinflussen kann;
- die Möglichkeit eines praktisch kontinuierlichen Überganges vom heterogenen zum homogenen System über die verschiedensten Quellungszustände, die während einer bestimmten Reaktion selbst in weiten Grenzen variieren können;
- die Anzahl, Länge und Verteilung vernetzender Brücken beim Übergang von Linearpolymeren zu polymeren Netzwerken.

Ausgehend von stark schematisierten Modellvorstellungen zur übermolekularen Ordnung polymerer Festkörper soll im folgenden an Hand ausgewählter Beispiele dargelegt werden, wie sich Heterogenreaktionen an Polymeren als Hilfsmittel der Strukturforschung verwenden lassen, und wie sich unter präparativen und technologischen Gesichtspunkten der Ablauf solcher Heterogenreaktionen beeinflussen läßt. Im Anschluß an diese phänomenologischen Betrachtungen wird die Frage einer quantitativen Erfassung und Modellierung solcher Reaktionsabläufe behandelt, um dann abschließend einige in die Zukunft weisende Gesichtspunkte der polymerchemischen Modifizierung, und zwar sowohl im homogenen als auch im heterogenen System herauszustellen.

2. *Übermolekulare und morphologische Ordnungszustände in organischen Polymeren und ihr Einfluß auf den Ablauf heterogener Umsetzungen* [vgl. 1]

Einer Betrachtung chemischer Reaktionen an teilkristallinen Linearpolymeren legt man oft das klassische Zweiphasenmodell oder die Vorstellung des kontinuierlichen Ordnungsspektrums zugrunde, wobei im ersten Fall die stets vorhandenen Übergangsbereiche mittlerer Ordnung vernachlässigt werden, im zweiten Fall das zumeist vorhandene Häufigkeitsmaximum sowohl im Bereich niedriger als auch im Bereich hoher Ordnungszustände erst bei einer quantitativen Betrachtung zum Ausdruck kommt (Abb. 1).

Für die Form der Einzelkette kann man bei beiden Modellen sowohl eine gestreckte Kette als auch eine gefaltete Kette annehmen (Abb. 2).

Chemische Umsetzungen laufen nun in den wenig geordneten Bereichen bzw.

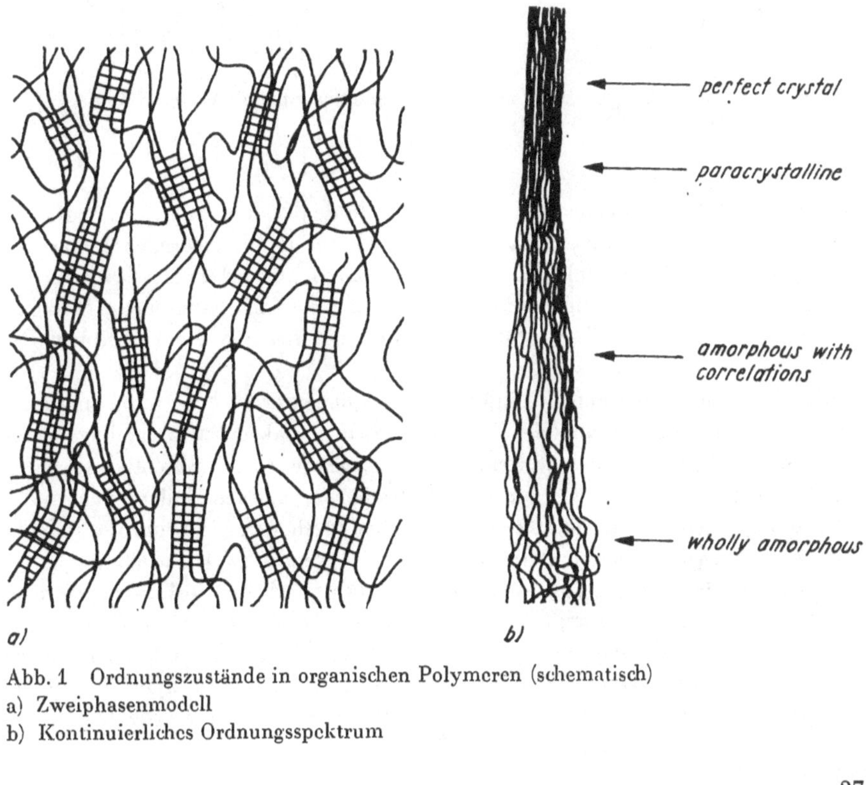

Abb. 1 Ordnungszustände in organischen Polymeren (schematisch)
a) Zweiphasenmodell
b) Kontinuierliches Ordnungsspektrum

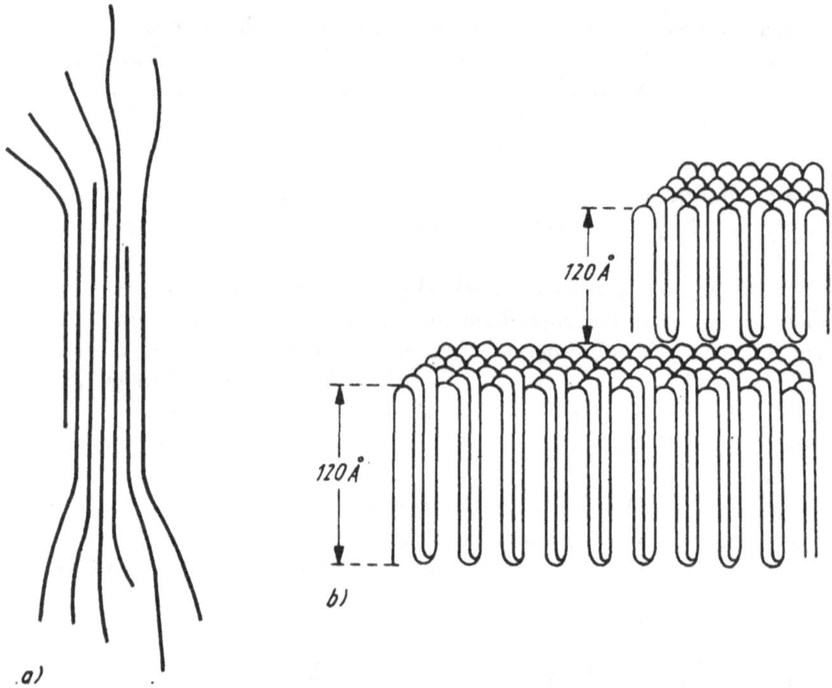

Abb. 2 Modellvorstellungen zur Form der Einzelketten im Polymerfestkörper
a) gestreckte Ketten
b) gefaltete Ketten

an der Oberfläche geordneter Bezirke, also z. B. in den Faltungsbögen bei Vorliegen einer Kettenfaltung grundsätzlich rascher ab als im Inneren hochgeordneter Bereiche. In vielen Fällen erfolgt eine Umsetzung überhaupt nur in Bereichen niedriger Ordnung, wenn das Präparat nicht einer speziellen Vorbehandlung, z. B. durch Quellung und damit Strukturauflockerung auch der sogenannten kristallinen Bereiche unterworfen wird.

Man kann somit den unter definierten Bedingungen erreichten Umsetzungsgrad bzw. die zeitliche Änderung der Reaktionsgeschwindigkeit zur Grundlage einer sogenannten Accessibilitätsbestimmung und damit zu einem wesentlichen Hilfsmittel der Strukturforschung am Polymerfestkörper machen, indem man mehr oder weniger selektiv die mittels physikalischer Methoden bis heute nur unvollkommen charakterisierbaren Bereiche niedrigen Ordnungsgrades erfaßt.

Praktische Bedeutung haben solche Accessibilitätsmethoden bisher vor allem in der Celluloseforschung erlangt, indem man beispielsweise mit Hilfe einer unterschiedlichen Deuterierungsgeschwindigkeit der Hydroxylgruppen oder einer unterschiedlichen Hydrolysegeschwindigkeit der Glucosidbindungen unter Zugrundelegung eines Zweiphasenmodells zwischen geordnetem und ungeordnetem Anteil der Cellulosestruktur differenzieren kann, oder indem man unter Verwendung der Reaktionstemperatur als Parameter und des unter bestimmten Reaktionsbedingungen erzielten Formylierungsgrades bei der Umsetzung mit Ameisensäure als analytischer Kenngröße Ordnungsspektren für verschiedene Regeneratfasertypen aufstellen kann [2].

Grenzen für die Aussagefähigkeit solcher Accessibilitätsmethoden sind dadurch gegeben, daß sie nur in Ausnahmefällen wirklich selektiv auf den übermolekularen Ordnungszustand ansprechen, indem das Ergebnis vielfach über die bei der Umsetzung auftretende Quellung von der mittleren Molmasse bzw. der Molmassenverteilung, also von molekularen Parametern, beeinflußt wird, oder indem neben dem übermolekularen Ordnungszustand auch die morphologische Grobstruktur den Reaktionsablauf wesentlich mitbestimmt. Die Überlagerung der beiden letztgenannten Einflußgrößen läßt sich recht gut bei einem Vergleich von Reaktionsabläufen an einer Baumwoll-Lintersfaser einerseits, einem daraus durch hydrolytischen Abbau hergestellten Cellulosepulver andererseits zeigen (Tab. 1). Durch selektives Heraushydrolysieren ungeordneter Anteile weist das Cellulosepulver einen höheren mittleren Ordnungsgrad auf als die Lintersfaser, während andererseits die mit dieser Hydrolyse verbundene Desintegration zu kleinen Partikeln zu einer wesentlichen Vergrößerung der äußeren Oberfläche bzw. Erhöhung des makroskopischen Dispersitätsgrades führt. Beide Effekte sollten sich gegenläufig auf den unter bestimmten Bedingungen erzielbaren Substitutionsgrad auswirken. Bei einer unter sehr geringer Quellung ablaufenden Sulfatierung überwiegt offensichtlich der Ordnungsgradeinfluß, während bei der im alkalischen Medium unter starker Quellung vonstattengehenden Cyanäthylierung die Veränderung der makroskopischen Morphologie maßgebend ist [3].

Tabelle 1
Vergleich der Reaktivität von Linters und Linters-LODP-Cellulosepulver (Endwerte der Umsetzung unter jeweils vergleichbaren Reaktionsbedingungen)

	Cyanoäthylierung*	Sulfatierung**
Linters	DS = 0,42	DS = 0,28
Linters-LODP-Cellulose	DS = 0,82	DS = 0,10

* Zweibadverfahren mit 2%iger NaOH bei 60 °C
** Heterogene Sulfatierung mit H_2SO_4/Diäthyläther (Molverhältnis 2 : 1) bei 22 °C vgl. [3]

3. *Phänomenologische Zusammenhänge beim Ablauf von Heterogenreaktionen an Polymeren*

Wenn auch hier in erster Linie wieder auf Beispiele aus der Cellulosechemie zurückgegriffen wird, so ist diese Auswahl keinesfalls nur subjektiv bedingt, um an Hand eigener Arbeitserfahrungen grundlegende Zusammenhänge darlegen zu können, sondern gleichermaßen objektiv gerechtfertigt, da die großtechnische Durchführung von Heterogenreaktionen an organischen Polymeren sich bisher überwiegend auf die Gewinnung und Verarbeitung der Cellulose beschränkt [4]. Dies gilt gleichermaßen für die unter Erhaltung des Polymerfestkörpers ablaufenden Vorgänge bei der Delignifizierung des Holzes und der chemischen Modifizierung von Cellulosefasern wie auch für die unter Veränderung des Phasenzustandes des Systems ablaufenden Vorgänge der Auflösung der Cellulose unter Derivatbildung und der Regenerierung des Ausgangspolymeren aus solchen Lösungen zwecks Herstellung von Fäden oder Folien. Nur hingewiesen sei auf die im folgenden nicht weiter behandelten Ionenaustauschvorgänge an Polymernetzwerken mit ionischen Gruppen, die nur ebenfalls den Heterogenreaktionen zuzurechnen sind, aber doch eine Reihe spezieller Merkmale und Gesetzmäßigkeiten aufweisen.

3.1. Umsetzungen unter Erhaltung des Polymerfestkörpers und der Rückgratkette

Technisch wichtige Umsetzungen dieser Art sind die Alkalicellulosebildung sowie verschiedene Verätherungs- und Veresterungsreaktionen der Cellulose. Je nach dem durch Reaktionstyp, Reaktionsmedium, Vorbehandlung und übermolekularen Ordnungszustand des Präparats bestimmten Quellungszustand während der Umsetzung tritt eine mehr oder weniger ausgeprägte Ungleichmäßigkeit in der Verteilung der durch die Umsetzung eingeführten Gruppen auf. Die beiden möglichen Extremfälle stellen dabei einmal eine auf die makroskopische Faseroberfläche beschränkte Umsetzung dar, wie wir sie etwa bei einer ohne Vorbehandlung durchgeführten Acetylierung mit Acetanhydrid finden, zum anderen kann bei genügend weitgehender Quellung ein vollständiges und gleichmäßiges Durchreagieren der ungeordneten wie der geordneten Faserbereiche stattfinden, so z. B. bei der Herstellung eines Cellulosetrinitrats unter Verwendung des üblichen Nitriersäuregemisches. Die Faserxanthogenierung der Cellulose nimmt nach unseren eigenen Untersuchungen insofern eine Mittelstellung ein, als zwar bei der Umsetzung von Alkalicellulose mit Schwefelkohlenstoff die ungeordneten Faserbereiche deutlich rascher reagieren, gleichzeitig jedoch auch in den hochgeordneten Bereichen eine Einführung von Xanthogenatgruppen unter Gitteraufweitung stattfindet [5]. Infolge dieser im Normalfalle ungleichmäßigen Substituentenverteilung werden daher teilsubstituierte Celluloseäther und -ester durch die Angabe eines mittleren Substitutionsgrades nur unvollkommen charakterisiert; notwendig, aber von der Methodik her in vielen Fällen noch nicht möglich, ist daher die Aufnahme entsprechender Verteilungsspektren des Substitutionsgrades. Durch eine quellende oder aktivierende Vorbehandlung, z. B. mit Natronlauge oder mit flüssigem Ammoniak läßt sich diese Substituentenverteilung oftmals im Sinne einer Vergleichmäßigung beeinflussen, wobei sich dann diese geänderte Substituentenverteilung auch in einer Veränderung makroskopischer Produkteigenschaften, wie z. B. des Löslichkeitsverhaltens niederschlägt. So stellten wir beispielsweise fest, daß die normalerweise im gesamten Substitutionsgradbereich von 0—3 in wäßrigen Medien unlöslichen Cyanäthylcellulosen im DS-Bereich zwischen 0,3 und 0,8 alkali- bzw. wasserlöslich werden, wenn vor der Umsetzung mit Acrylnitril eine aktivierende Vorbehandlung mit flüssigem Ammoniak vorgenommen und dadurch bei der anschließenden Verätherung für eine gleichmäßige Substituentenverteilung gesorgt wird [6].

Bei synthetischen Polymeren wurden Substitutionsreaktionen am Polymerfestkörper bisher vor allem im Zusammenhang mit der Oxydation, der Chlorierung oder der Sulfochlorierung von Polyolefinen untersucht. Unter Zugrundelegung des Strukturmodells der Kettenfaltung führen die Ergebnisse zu dem Schluß, daß eine Umsetzung bevorzugt in den Faltungsbögen stattfindet, indem hier die gute Zugänglichkeit einzelner Kettenglieder eine Umsetzung begünstigt und gleichzeitig die starke innere Spannung in der Rückgratkette durch Herabsetzung der Aktivierungsenergie manche Umsetzungen, z. B. kettenspaltende Oxydationsreaktionen erleichtern.

3.2. Kettengerüstverändernde Umsetzungen im heterogenen System

Die zu einer Veränderung des Kettengerüsts führenden Abbau-, Vernetzungs- und Pfropfungsvorgänge spielen in der präparativen Polymerenchemie, in der Technologie der Herstellung und Verarbeitung polymerer Werkstoffe und auch für deren Langzeitverhalten im Gebrauch eine wesentliche Rolle, und zwar sowohl für die Erzielung bestimmter Eigenschaftsparameter als auch im Zusammenhang mit der Begrenzung der Lebensdauer polymerer Werkstücke infolge von Abbau- und Alterungsvorgängen. Einige willkürlich ausgewählte Beispiele mögen dies verdeutlichen:

Bei Cellulose und anderen linearen Polykondensaten, wie Polyamiden oder Polyäthylenterephthalat lassen sich durch heterogene Hydrolyse mit verdünnter Mineralsäure bevorzugt die ungeordneten Bereiche herauslösen, und man gelangt auf diese Weise zu leicht dispergierbaren Polymerpulverwerkstoffen. Der DP nimmt bei einer solchen Behandlung zunächst rasch ab, um dann nach längerer Hydrolysedauer annähernd konstant zu bleiben, wobei der so erreichte Level-off-DP mit den Abmessungen der hochgeordneten Faserbereiche korreliert werden kann (Abb. 3). Solche mikrokristallinen Cellulosepulver, wie sie heute auch in der DDR im Pilotmaßstab unter der Bezeichnung „HEWETEN" hergestellt werden, finden vielseitige Einsatzmöglichkeiten als Hilfsmittel, z. B. in Pharmazie- und Kosmetikindustrie, während ihre Verwendung als kalorienreduzierender Zusatzstoff in Nahrungsmitteln noch umstritten ist [3].

Einer reaktionsmechanistisch interessanten Überlagerung zweier Heterogenreaktionen, nämlich einer rein thermisch aktivierten Cyclisierung und einer diffusionsgesteuerten Thermooxydation begegnen wir bei der Herstellung von Kohlenstoff- bzw. Graphitendlosfäden aus Polyacrylnitrilseide (Abb. 4). Je nach den gewählten Reaktionsbedingungen finden wir im Querschnitt solcher voroxydierter Produkte

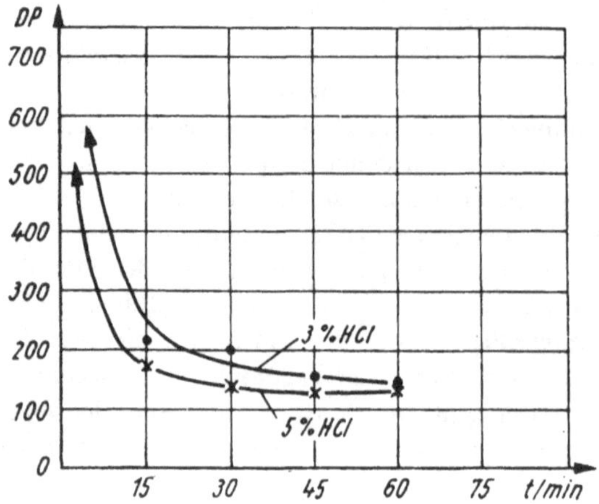

Abb. 3 Zeitlicher Verlauf der DP-Abnahme bei heterogener Hydrolyse von Cellulose bei 100 °C

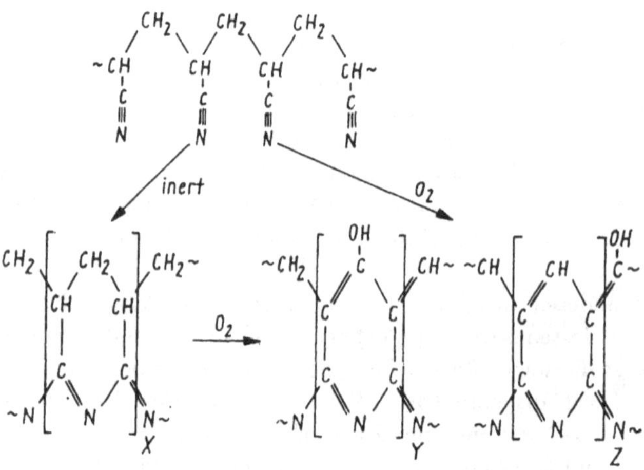

Abb. 4 Reaktionsschema der thermischen Zersetzung von Polyacrylnitril in An- und Abwesenheit von O_2

unterschiedliche Kern-Mantel-Strukturen (Abb. 5), welche die späteren Stufen der Carbonisierung und Graphitierung und schließlich auch die Werkstoffeigenschaften des Endproduktes entscheidend mit bestimmen [7].

Durch Einbau vernetzender Brücken lassen sich bei Linearpolymeren die mechanischen und thermischen Eigenschaften sowie das Quellverhalten wesentlich beeinflussen, wobei die erzielten Effekte sowohl von Art, Zahl und Länge der vernetzenden Brücken als auch von deren Verteilung abhängen. Technisch relevante Beispiele sind die Strahlenvernetzung von Polyäthylen, die Vulkanisation des

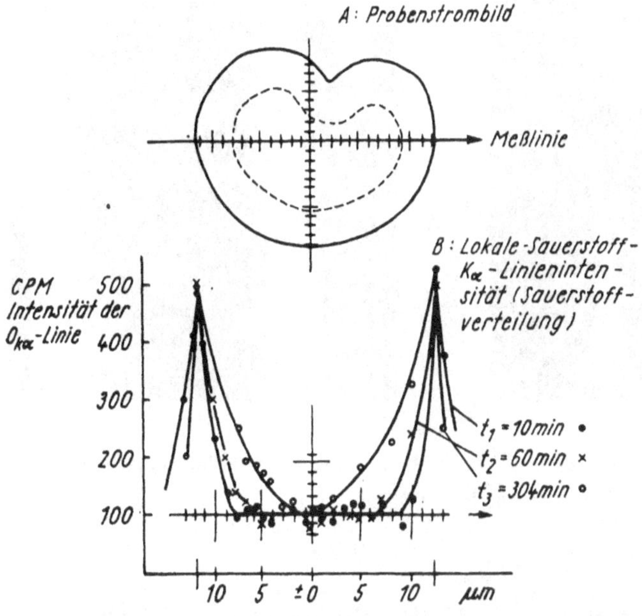

Abb. 5 Probenstrombild (A) mit einem charakteristischen Faserquerschnitt und angedeuteter Kernzone sowie die dazugehörige lokale Sauerstoff-K_α-Linienintensität nach einer Diffusionszeit von 10, 60 und 304 min bei 250 °C

Kautschuks und die Veredelung von Cellulosefaserstoffen, wobei im letztgenannten Falle der Quellungszustand der Faser vor und während der Umsetzung die Länge und Verteilung der Vernetzungsbrücken und damit die Veränderung der textilmechanischen Eigenschaften entscheidend beeinflussen kann.

Für den Ablauf von Pfropfreaktionen an Polymerfestkörpern gelten grundsätzlich die gleichen Gesetzmäßigkeiten wie für die in Abschnitt 3.1. ausführlich behandelten Substitutionsvorgänge, da ja auch im Falle der Pfropfung zunächst reaktive Zentren (Radikale, Ionen) durch Umsetzung an den Polymerketten geschaffen werden müssen. Je nach Art des Ausgangspolymeren und des gewählten Reaktionssystems kann die Pfropfung auf die Oberfläche beschränkt bleiben, wie dies die folgenden Scanning-Aufnahmen (Abb. 6 a, 6 b) für das Aufwachsen eines Polyäthylenmantels auf eine Polyesterfaser zeigen, oder auch im Faserinneren erfolgen, wie z. B. bei der in der UdSSR entwickelten MTILON-Faser, die eine polyacrylnitrilgepfropfte Zellwolle darstellt. Bei allen Pfropfreaktionen ist erwartungsgemäß die Dichte der Pfropfzweige in den ungeordneten Bereichen des Polymerfestkörpers größer als in den hochgeordneten, und oft stellt sich zusätzlich infolge des Einflusses von Diffusionsvorgängen ein Gradient der Pfropfausbeute von außen nach innen ein.

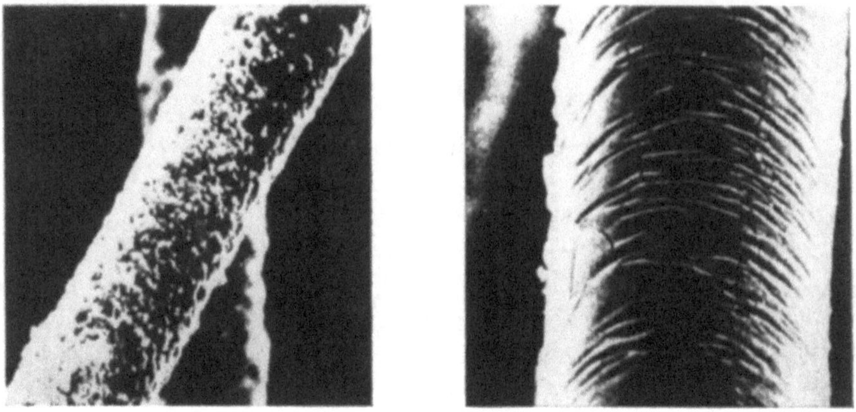

a) b)

Abb. 6 Aufwachsen eines Polyäthylenmantels auf eine Polyesterfaser (nach A. Dobbs, Journ. Polymer. Sci./Chem. Ed. 14 (1976) S. 1429—1446)
a) Beginnende Aufpfropfung
b) Fortgeschrittene Aufpfropfung

3.3. Umsetzungen an Polymeren im Zusammenhang mit Löse- und Fällvorgängen [vgl. 8]

Chemische Umsetzungen an Polymeren, die mit einem Übergang vom heterogenen zum homogenen Reaktionssystem oder umgekehrt verbunden sind, haben vor allem bei Polysacchariden und bei Proteinen Bedeutung erlangt. Die gesamte Problematik der Ausbildung von Fällungsstrukturen unter gleichzeitiger chemischer Umsetzung, wie z. B. die von Klare und Mitarbeiter [z. B. 9] eingehend untersuchte Koagulation und Zersetzung des Cellulosexanthogenats beim Viskosespinnprozeß, oder das Reaktivspinnen von Polyurethanfäden oder schließlich die Herstellung von Membranstrukturen durch Bildung makromolekularer Salze [vgl. 10] aus Polyanionen und Polykationen können hier nur erwähnt werden.

Die Auflösung eines Polymerfestkörpers läßt sich grundsätzlich als Überlagerung von Transportvorgängen mit einer chemischen Umsetzung betrachten, wenn man zwischenmolekulare Wechselwirkungen in diese „chemischen Umsetzungen“ mit einbezieht. Bei Cellulose, wo Verformungsprozesse über den Zustand der Lösung Jahr für Jahr im Maßstab von Hunderttausenden von Tonnen vorgenommen werden, reicht die Variationsbreite der durch Sprengung des inter- und intramolekularen H-Brückensystems zur Auflösung führenden Umsetzungen von einer EDA-Wechselwirkung im System Cellulose-Methylamin-Dimethylsulfoxid bis zur Bildung stabiler, unzersetzt isolierbarer Hauptvalenzderivate, wie z. B. des Cellulosetriacetats im Falle einer sogenannten Lösungsacetylierung (vgl. Tab. 2). Vollständigkeit und Geschwindigkeit des Löseprozesses werden erwartungsgemäß oft durch die mittlere Kettenlänge und den mittleren Ordnungsgrad beeinflußt, hängen

Tabelle 2
Chemische Wechselwirkung bei Lösungsprozessen der Cellulose

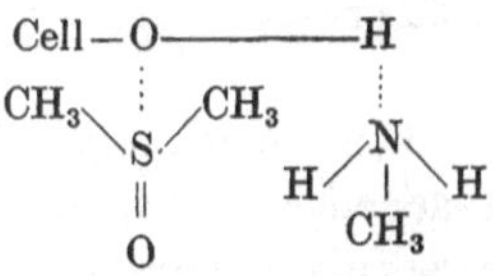

EDA-Komplex

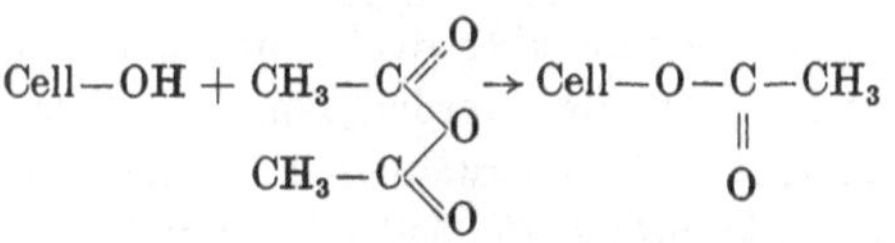

Hauptvalenzderivat

jedoch daneben sehr stark ab von der Strukturmodifikation der Cellulose (Cellulose I bzw. Cellulose II) und vor allem von der makroskopischen morphologischen Struktur des Präparats. Die morphologische Untersuchung und Beschreibung der dem Löseprozeß vorausgehenden Quellungszustände hat daher gerade bei Cellulose große Bedeutung gewonnen, und zwar sowohl für die Strukturcharakterisierung unterschiedlicher Cellulosepräparate, als auch für die analytische Verfolgung und Kontrolle technischer Löseprozesse, z. B. des Cellulosexanthogenats zur Viskose und für die Klärung des Lösemechanismus neuer Celluloselösemittel [11].

4. Möglichkeiten und Grenzen einer quantitativen Beschreibung heterogener Umsetzungen an Polymeren

Obwohl Heterogenreaktionen an organischen Polymeren seit mehr als 100 Jahren im technischen Maßstab durchgeführt werden und ein umfangreiches, zum Teil recht systematisches Experimentalmaterial vorliegt, stehen wir doch hinsichtlich einer quantitativen Beschreibung solcher Reaktionsabläufe noch recht am Anfang. Abgesehen von der bei allen Heterogenreaktionen auftretenden Komplikation durch eine Überlagerung von Transportprozessen und chemischen Umsetzungen lassen sich folgende Ursachen für diesen vom Standpunkt des Physikochemikers aus unbefriedigenden Zustand nennen und damit zugleich folgende Ansatzpunkte für weiterführende Arbeiten erkennen:

- Heterogenreaktionen an Polymeren werden durch eine ganze Hierarchie von Strukturparametern auf molekularer, übermolekularer und morphologischer Ebene beeinflußt, wobei gerade die mangelnde Quantifizierbarkeit morphologischer Strukturparameter ein entscheidendes Hindernis für die quantitative Erfassung der Reaktionsabläufe darstellt.
- Sowohl für die den Reaktionsablauf steuernden Strukturkennwerte des Ausgangsmaterials, als auch für die die makroskopischen Produkteigenschaften der Reaktionsprodukte bestimmenden chemischen Kenngrößen sind nicht nur die jeweiligen Mittelwerte, sondern auch die jeweiligen Verteilungsspektren

von Bedeutung, und hier stoßen wir an eine z. Z. entscheidende Grenze der gesamten Polymeranalytik, die es durch Einsatz neuer Methoden und Methodenkombinationen in den nächsten Jahren wesentlich zu erweitern und hinauszuschieben gilt.

- Die meist recht erheblichen Medieneffekte sind ausgesprochen mehrdeutig, indem eine medienbedingte Erhöhung von Umsetzungsgrad oder Umsetzungsgeschwindigkeit sowohl durch eine Accessibilitätssteigerung infolge verstärkter Quellung verursacht sein kann, als auch durch eine echte Reaktivitätsänderung der betreffenden funktionellen Gruppe hervorgerufen werden kann. Die quantitative Verfolgung von Quellungsvorgängen und die systematische Gegenüberstellung homogener und heterogener Reaktionsabläufe bei einer bestimmten Polymerreaktion, wie sie von uns früher für die Xanthogenierung der Cellulose vorgenommen wurden, und jetzt für die Celluloseätherbildung durchgeführt werden, könnten hier zu einer Entscheidung führen.

Ansatzpunkte für eine quantitative Beschreibung und Modellierung von Heterogenreaktionen an Polymeren lassen sich z. Z. vor allem in zwei Richtungen erkennen:

- Für verschiedene großtechnische Prozesse, wie z. B. die Delignifizierung des Holzes bei der Zellstoffgewinnung oder die Zellstoffbleiche oder auch die Alkalisierung der Cellulose, wurde eine formale mathematische Modellierung mit dem Ziel der interpolatorischen Voraussage des Einflusses verschiedener Reaktionsvariabler auf Prozeßablauf und Produkteigenschaften erfolgreich in Angriff genommen, wobei vor allem durch sowjetische Autoren solche Ansätze für die Celluloseesterbildung bereits mit Elementen einer physikalischen Modellierung gekoppelt wurden und so erste quantitative Aussagen zur Überlagerung der Transport- und Reaktionsvorgänge erhalten wurden.
- Zum anderen kann man einfache physikochemische Modelle vorgeben und feststellen, wieweit die Reaktionsabläufe diesen entsprechen. So ließ sich beispielsweise zeigen, daß die Cellulosenitratesterbildung einem Zeitgesetz der Quellung folgt, während die Xanthogenatreaktion, die an der von vornherein stark gequollenen Alkalicellulose abläuft, durchaus als chemische Umsetzung nach den Gesetzen der klassischen Homogenkinetik behandelt werden kann. Allerdings trifft man bei diesem auch von uns in der Celluloseforschung bevorzugt angewandten Verfahren sehr rasch auf Grenzen der Anwendbarkeit infolge der Nichtquantifizierbarkeit morphologischer Strukturveränderungen.

Als eines der wenigen bisher bekannten Beispiele einer quantitativen physikalischen Modellierung von Heterogenreaktionen an organischen Hochpolymeren sei die Vernetzung der Cellulose mit Formaldehyd genannt. Hier konnte von Zollinger und Mitarbeiter auf Basis einer größeren Anzahl vorher genau bestimmter Einzel-RGK-Werte für die Teilschritte die Überlagerung von Diffusions- und Reaktionsprozessen quantitativ geklärt werden und damit zugleich ein Modellfall für künftige erfolgversprechende Arbeiten geschaffen werden [12].

5. Ausblick auf künftige Entwicklungsrichtungen bei der Modifizierung organischer Polymerer

Betrachten wir zunächst die hier im Mittelpunkt stehenden heterogenen Reaktionsabläufe, so lassen sich — abgesehen von dem eben erwähnten Ziel einer quantitativen physikalischen Modellierung bei technisch bedeutsamen oder aus prinzipiellen wissenschaftlichen Gründen interessanten Reaktionen — folgende Richtungen künftiger Arbeit erkennen:

- Oberflächenveredelung von Werkstücken und Halbzeugen aus organischen Polymeren;
- weitere Klärung von Kinetik und Mechanismus der chemischen Vorgänge bei Abbau und Alterung von Polymerfestkörpern im Gebrauch [13], wobei auf diese praktisch wichtige Problematik hier nicht näher eingegangen wurde, da sie bereits Gegenstand eines anderen Vortrages des Autors vor der Klasse „Chemie" war [14];
- Einfluß einer gleichzeitigen mechanischen Beanspruchung auf den Ablauf heterogener Umsetzungen an Polymeren im Zusammenhang mit Prozessen der Polymerverarbeitung, wobei hier auf eigene Ergebnisse zum Einfluß einer mechanischen Scherwirkung und von inneren Spannungen im Material auf den heterogenen hydrolytischen Abbau der Cellulose verwiesen sei [15];
- Auffinden neuer Möglichkeiten der Lösungsverformung von organischen Polymeren, speziell von Cellulose;
- Untersuchungen zum Einfluß vorgegebener Polymerstrukturen auf den Verlauf von Kettenaufbau- und Modifizierungsprozessen, wobei hier der Begriff der Matrizenpolymerisation und Matrizenkondensation erwähnt sei, der heute im Zusammenhang mit evolutionstheoretischen Betrachtungen oft genannt wird;
- Weitere Klärung der Möglichkeiten einer Energiefortleitung und einer Energiewandlung mit Hilfe von Heterogenreaktionen an Polymeren, wobei als klassisches Beispiel das Kuhnsche Muskelmodell [16], als ein jüngst publiziertes Beispiel die von Smets veröffentlichten ordnungsgradabhängigen Fotochromieerscheinungen an Polymeren genannt seien [17].

Fragt man schließlich und nun unabhängig vom jeweiligen Reaktionstyp nach den künftigen Zielrichtungen einer chemischen Modifizierung von organischen Polymeren, so steht zweifellos für die absehbare Zukunft weiterhin die Veredelung von Werkstoffen und Werkstücken, d. h. die bessere Anpassung an einen bestimmten Verwendungszweck und die Erweiterung von Einsatzgebieten im Vordergrund. Nicht zuletzt im Hinblick auf die Materialökonomie dürften dabei Prozessen der Oberflächenveredelung unter Nutzung nichtthermischer Aktivierungsmöglichkeiten, z. B. durch Plasma- oder Koronaentladungen wesentliche Bedeutung zukommen. Aussichtsreich erscheint für die Zukunft daneben die Gewinnung einer breiten Palette von polymeren Hilfsstoffen und von Zwischenprodukten auf Basis natürlicher und auch synthetischer Hochpolymerer, wenn wir beispielsweise die noch bei weitem nicht ausgeschöpften Möglichkeiten einer Hydrolyse cellulosehaltiger Abfallstoffe oder einer Modifizierung mikrobieller Polysaccharide und Nukleinsäuren betrachten, die im Zuge des Ausbaues der mikrobiologischen Industrie in größerem Umfange verfügbar sein werden. Als in die fernere Zukunft weisende interdisziplinäre Arbeitsrichtungen und Aufgaben seien abschließend die Erforschung und Nutzung der gekoppelten Transport- und Reaktionsschritte bei Membranprozessen in vivo und in vitro genannt, und es sei schließlich auf das noch weitgehend unerschlossene Feld der Biokatalyse, also der enzymatischen Prozesse, hingewiesen, wobei sich enge Zusammenhänge zu allen hier aufgeworfenen Fragen einer polymerchemischen Modifizierung ergeben sowohl bei einer Aufklärung von Enzymstruktur und Enzymwirkung in vivo und ihrer Modellierung in vitro als auch bei der Enzymfixierung zwecks besserer technischer Nutzung der Enzymwirkung als auch schließlich bei einer in zunehmendem Maße interessant werdenden Durchführung von Modifizierungsprozessen an Polymeren unter Verwendung isolierter Enzyme als chemischer Reagenzien.

Literatur

[1] Philipp, B.: Faserforsch. u. Textiltechn. **24** (1973) S. 437—444.

[2] Philipp, B. und Baudisch, J.: Faserforsch. u. Textiltechn. **15** (1964) S. 30—39, **16** (1965) S. 272—281.

[3] Philipp, B. und Steege, H. H.: Papier **30** (1976) S. 501—509.

[4] Philipp, B.: Plaste und Kautschuk. **23** (1976) S. 714—720.

[5] Philipp, B.: Vergl. Habilitationsschrift TU Dresden 1956.

[6] Koura, A., Lukanoff, B., Philipp, B. und Schleicher, H.: Faserforsch. u. Textiltechn. **28** (1977) im Druck.

[7] Klemm, F.: Vergl. Dissertation AdW 1976.

[8] Philipp, B. und Schleicher, H.: Zellstoff und Papier. **22** (1973) S. 324—330.

[9] Klare, H.: Dt. Textiltechn. **16** (1966) S. 73—85, Lenzinger Ber. (1965) S. 21—29.

[10] Philipp, B. und Purz, H. J.: Z. Chem. **15** (1975) S. 81—91.

[11] Philipp, B. und Purz, H. J.: Cell. Chem. Technol. **11** (1977) im Druck.

[12] Annon, O., Rouette, H. K., Rys, P. und Zollinger, H.: Textilveredlung **7** (1972) S. 528—540.

[13] Emanuel', N. M. und Zaikov, G. E.: Vysokomol. Soed. A **17** (1975) 9, S. 2122—2132.

[14] Philipp, B.: Sitzungsber. d. AdW der DDR, Mathematik—Naturwiss.—Technik 4 N (1976) S. 28—38.

[15] Philipp, B. und Steege, H. H.: Chemie des Holzes (Riga UdSSR) (1976) S. 3—9.

[16] Kuhn, W., Ramel, A., Walter, D. H., Ebner, G. und Kuhn, H. J.: Hochpolymerenforsch. **1** (1960) S. 540—592.

[17] Smets, G.: Internat. IUPAC-Symposium über Makromoleküle, Madrid September 1974.

FSC
www.fsc.org
MIX
Papier | Fördert
gute Waldnutzung
FSC® C083411

Zeitfracht Medien GmbH
Ferdinand-Jühlke-Straße 7
99095 Erfurt, Deutschland
produktsicherheit@kolibri360.de